심령과학 시리즈 5

사후의 생명

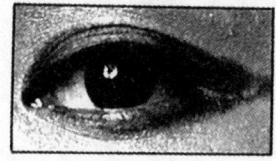

한스 홀쩌 / 저
안 동 민 / 역

瑞音出版社

머 리 말

  먼 옛날부터 우리들 인간에게 가장 큰 의문은 우리가 죽은 다음에는 어떻게 되는가 하는 문제와 신(神)이나 영혼(靈魂)이 실재하느냐 하는 문제였다.
  그 진부(眞否)에 관해서는 찬반이 엇갈리고 있지만, 오늘날과 같은 과학시대에도 신이나 영혼이 있음을 믿고 있는 사람들이 많고, 실제로 그것을 여러 면에서 증명해 보이고 있다.
  그리고 과학의 발전은 우리가 살고 있는 3차원의 세계로부터 시간을 초월한 4차원의 세계를 극복하려고 안간힘을 쓰고 있다. 이것만 해결되면 우리는 시간과 공간을 초월해서 살 수 있으며 이승과 저승, 과거와 미래를 동시에 살 수 있을 것이다.
  이러한 초자연현상(超自然現象)의 극복은 이제 심령과학이라는 하나의 자연과학 분야로 탄생되어 연구하기에 이르렀고 선진국에서 이미 심령과학은 일반 대중의 상식으로 이해되어 가고 있다. 따라서 우리나라에서도 무턱대고 근거 없는 미신이라고 일축해 버릴 것이 아니라 현대문명이 해결해 주지 못하는 영혼의 세계 연구에 좀더 관심을 기울여야 할 때가 되지 않았나 생각된다.

다행히 지금까지 몇 권의 심령과학 시리즈를 내놓았는데 뜻밖에도 많은 독자들이 관심을 표명해 주었고, 또 뜨거운 성원과 문의 편지를 보내주어 우리나라도 심령과학이 낙후되어 있지 않다는 확신을 가질 수 있어 다행이었다.
　앞으로도 더욱 많은 성원이 있기를 기대하며 심령과학 시리즈로 이번에는 우리 인간이 죽은 후에 '저승'에 가서는 어떻게 생활하며, 영혼은 어떤 형태로 남게 되는가 또한 '저승'에 간 후에 이 세상 즉 '이승'과는 어떤 관계를 갖게 되는가 하는 내용의 본서를 내놓게 되었음을 기쁘게 생각하는 바이다.

1994년 5월

사후의 생명 • 차례

머리말 ——————————————————— 9

서 장 인간의 정체는 무엇인가?

  1. 영혼의 존재 ——————————————— 16
  2. 4차원의 인체 우주학 ——————————— 20
  3. 초과학적인 메카니즘 ——————————— 25
  4. 인체에 숨어 있는 대우주 ————————— 28

제1장 삶과 죽음의 세계

  1. 영혼의 여로 ——————————————— 34
  2. 영계로부터의 귀환 ———————————— 38

제2장 영계 교신의 채널

  1. 내세는 존재한다 ————————————— 44
  2. 교신의 3가지 요소 ———————————— 49
  3. 자동기술의 위쟈반 ———————————— 53

제3장 3층으로 된 천국

  1. 스리 · 유크라데스의 부활 ————————— 60

제4장 영계로부터의 송신

1. 죽은 자의 소망 ——————— 92
2. 유능한 여자 영매 ——————— 99
3. 유령저택의 사건 ——————— 105

제5장 현세에 집착하는 영혼

1. 영혼의 욕구불만 ——————— 114
2. 영혼의 장난 ——————— 122
3. 유체에서 이탈한 여자 ——————— 129

제6장 산 사람을 구하는 죽은 영혼

1. 확인된 영혼 ——————— 136
2. 근친 유령의 보살핌 ——————— 149
3. 이상한 만남 ——————— 158
4. 거울 속에 불타는 촛불 ——————— 168
5. 아로자의 영혼 ——————— 174

제7장 영혼은 불멸하는가?

1. 윤회의 진실 ——————— 182
2. 유령을 쫓는 사람들 ——————— 187
3. 이상한 피아노 소리 ——————— 195
4. 보이지 않는 세계 ——————— 202
5. 영계와의 접촉 ——————— 208

제8장 영혼과의 대화

    1. 위쟈반 교신법 —————————————— 216
    2. 공심법(空心法)의 습득 ——————————— 224
    3. 놀라운 트랜스 영매 ————————————— 231
    4. 영매의 위력 ——————————————————— 242

제9장 저승의 법칙

    1. 저승의 의사 ——————————————————— 250
    2. 저승의 구조 ——————————————————— 256
    3. 저승에서의 생활 ————————————————— 266

제10장 사후의 영생을 위하여

    1. 인간의 2원성 —————————————————— 278
    2. 정해진 죽음의 시각 ——————————————— 284

서 장
인간의 정체는 무엇인가?

1. 영혼의 존재

　우주과학의 발달로 인간은 이미 달 세계에 발을 들여 놓았고, 아마도 머지 않은 장래에 우리는 태양계(太陽系) 안의 여러 떠돌이 별을 여행하게 될 것이다.
　지난 1백년 동안에 인간이 이룩해 놓은 과학문명은 실로 놀라운 바가 있다.
　인간은 공기가 전혀 없는 우주 공간에서도 인류가 발명한 여러 가지 첨단 장비를 이용하여 오랜 시간 머무를 수가 있고, 햇빛이라고는 한 번도 비추어 본 적도 없는 어마어마한 수압(水壓)의 깊은 바다 속도 탐험을 할 수가 있게 되었다. 인간이 환경을 정복하고 개조하는 힘과 능력은 실로 놀랍다.
　그러나 어찌 된 영문인지, 인간은 무엇이며, 어디서 왔으며, 왜 인간은 다른 동물과는 다른 지성(知性)을 갖게 되었는가, 또 인간에게는 영혼이 있다고 흔히들 말하는데, 이 영혼이란 과연 무엇이며 육체가 소멸한 뒤에도 독립된 존재로서 살아 가는가, 또 살아 간다면 영혼이 있는 이 세계와는 어떤 관계가 있는가 하는 등 여러 가지 문제에 대해서는 아직도 원시문명기(原始文明期)보다 크게 발전은 커녕 제자리 걸음조차 하지 못하고 있다. 아니 발전하지 못했을 뿐 아니라,어떻게 보면 후퇴한 느낌조차 드는 게 오늘날의 현실이다.
 왜냐하면, 옛날 사람들은 그들 나름대로 확고한 우주관(宇宙觀)이 서 있어서 인간은 육체와 영혼을 가진 복합생명체(複合生命體)라는데 대해서 아무런 의심도 갖고 있지 않았고, 사람이 이 세상에서 목숨을 다 하면 죽게 되어, 그때 영혼은 육체에서 이탈하게 되고, 저승인 유계(幽界)에서 사자(使者)가 와서 데려 간다고 굳게 믿었기 때문이다.
 옛날 사람들이 조상의 제사를 굉장히 중요하게 생각한 것도 알고 보면 사람은 죽어도 존재하며, 1년에 한 번씩 자기가 죽은 날에 다시 가족들을 찾아온다는 생각을 믿었기 때문이었다.
 우리나라 속담에 '잘 되면 제 탓이오, 못되면 조상 탓'이라는 말이 있다.
 이 말은 우리의 생활에 죽은 조상의 영혼이 어떤 도움은 주지 못한다고 해도 해(害)를 끼칠 수도 있다는 생각을 표현한 말이라고 한편으로는 생각할 수 있다.
 그런데 요즘에 와서는 영혼의 존재를 믿지 않는 사람들이 점점 많아져 가고 있다. 그러나, 한편으로 영혼의 존재를 믿는 이도 많은 것이 사실이기도 하다.
 그런데 영혼의 존재를 믿는 사람들은 무엇인가 저마다 확실한 증거가 될만한 것을 갖고 있게 마련이지만, 믿지 않는 사람들에게 영혼이 없다는 사실을 증명해 보라고 하면 대개가 말문이 막히는 경우가 대부분이다.
 영혼이란 눈에 보이지 않으니까 없다고 믿는 사람도 있을 것이고, 영혼이 뇌, 즉 머리 속에 있다고 믿는 사람도 우리의 뇌가 외상(外傷)으로 정신활동에 장해가 생겨서 백치가 되면 뇌가 없어진 것이나 다름없는 사람이 되므로 이같은 사람은 마음, 곧 영혼이 존재하지 않게 되는 것이라고 대답 하는 사람도 있을 것이다.

　이 두 가지 경우의 영혼부재설(靈魂不在說)은 모두가 틀린 생각임을 나는 분명히 설명할 수가 있다.

　우선 첫번째 경우를 두고 이야기를 해보자.

　우리 눈으로 볼 수 없으니까 존재하지 않는다는 생각──이것은 간단하게 반박할 수가 있다. 우선 여기서는 눈으로 보는 능력을 절대시(絕對視)하고 있는데, 우리의 눈이란 빛의 여러 가지 파장(波長) 가운데 극히 제한된 부분밖에 볼 수 없는 기관이다.

　자외선이나 적외선, X선, 그 밖의 각종 전파 등──우리의 눈이나 귀로는 직접 확인할 길이 없으나 그것들이 분명히 존재한다는 사실을 부인할 수 있는 사람은 아무도 없을 것이다.

　다음으로 뇌가 정상적인 때는 정신도 정상적인데, 뇌가 어떤 손상을 입어 백치가 되거나, 뇌가 아주 없어진 상태에서는 정신활동은 불가능하다. 따라서 뇌=정신이므로 뇌가 없어지면 정신이 없어지는 것은 물리적으로 당연하지만 영혼도 없어진다는 주장은 잘못이다.

　가령, 인간의 육체를 텔레비전 세트라고 가정하고 영계(靈界)를 하나의 방송국이라고 가정해서 생각해 보자.

　텔레비전 세트가 고장이 없을 때는 방송국에서 보내오는 전파를 제대로 수신하여 화면과 소리가 훌륭하게 재생될 수 있지만, 그러나 텔레비전 세트 속의 어떤 진공관에 고장이 생기면 화면이 안 나올 수도 있고 소리만 들리는 경우도 있다.

　만일 텔레비전 세트의 중요한 부분이 전부 고장이 났거나 전원 스위치가 작동하지 않게 되면, 텔레비전 세트는 아무런 구실도 하지 못하게 된다.

그렇다고 텔리비전 방송국이 존재하지 않게 된 것은 아니지 않는가?

나의 생각에 의하면, 영혼이란 하나의 전자파 생명체(電磁波生命體)로서 텔레비전 방송국에서 보내오는 전파에 해당하고 육체란 텔레비전 세트와 같다고 보는 것이다.

전자파 생명체가 제 구실을 완전히 하려면 육체 속의 전자회로가 제대로 작동되고, 육체라는 물질체의 생명자장(生命磁場)이 제대로 유지되어야 하는 것이다.

육체 속의 중요한 기관이 모두 제대로 기능을 하지 못할 때, 우리의 영혼인 에너지 생명체는 육체를 지배하는 힘을 잃게 되어, 본래의 발신지인 영계(靈界), 또는 유계(幽界)로 돌아갈 수밖에 없는 것이다.

영혼과 육체가 분리된 상태에서 영혼은 육체라는 적당한 매개체가 없이 그들의 의사를 살아있는 우리에게 전달할 수가 없고, 따라서 우리에게 그들의 존재는 없는 것과 다름없이 느껴지는 것이다.

라디오의 전파가 항상 우리 주위에 가득차 있어도 라디오라는 수신기를 통하지 않고는 우리가 전파를 직접 포착할 수 없는 것과 같은 이치라고 하겠다.

영혼이 존재한다고 믿는 사람들은 저마다 자기 나름대로의 확증을 갖고 있게 마련이지만, 없다고 말하는 분들은 없다는 증거를 제시하기가 어렵다.

그러니까 '영혼의 존재 여부를 나로서는 알 수가 없다'는 것이 차라리 정직한 대답이라고 할 것이다.

2. 4차원의 인체 우주학

 우리나라에서도 10여년 전에 상영된 바 있는 미국의 SF영화에 〈마이크로의 결사권(決死圈)〉이라는 재미있는 작품이 있다.
 길거리에서 일어난 자동차 사고로 미국의 저명한 과학자가 병원에 실려 들어오는데 그는 중상이었다. 뇌내출혈(腦內出血)이어서 외부로부터의 수술은 할 수가 없었다. 하지만 과학자의 목숨은 무슨 일이 있어도 꼭 건져야만 했다.
 "남은 길은 꼭 하나 있는데 인체를 미생물 정도의 크기로 줄여서 과학자의 몸 속으로 숨어 들어가게 하여 환부(患部)를 수술하는 수 밖에 없다."
 그리하여 새로 발명된 물질축소 장치에 발동을 걸고, 잠수복을 입고서 소형 잠수정에 탄 5명의 의사들은 눈 깜짝할 사이에 점점 작아진다.
 축소되어 있는 시간은 3,600초, 이 시간이 지나면 저절로 본래의 크기로 되돌아 오는 것이다. 그 시간이 오기 전에 몸 바깥으로 탈출을 해야만 하는 것이다.
 5명이 탄 소형 잠수정은 주사기로부터 정맥안으로 미끄러져 들어간다. 탐조등에 비춰진 붉은 터널. 벽을 가득 채우고 있는 그물과 같은 것들은 혈관을 만들고 있는 세포들이다.

갑자기 잠수정의 속도가 떨어졌는데 이물질(異物質)이 침입했으므로 혈액 속의 항체가 들어붙었기 때문이다. 간신히 위기에서 벗어난 순간, 갑자기 괴상한 파도가 밀려 왔다.

죽음의 일보 직전에 놓인 과학자의 심장이 갑자기 크게 고동을 쳤기 때문이었다. 표류하게 된 잠수정은 산소 부족 상태에 빠졌고, 폐에 도달해서 우선 산소를 공급받지 않으면 안되었다.

폐에서 대동맥을 지나 뇌 속으로 들어간다. 잿빛의 무시무시한 산들이 늘어선 표면, 그 내부는 거미줄과 같이 쳐진 신경의 정수(精髓)였다.

레이저 광선총(光線銃)에 의해 혈액의 응고는 제거되었다. 수술은 성공이다.

하지만 나가야 할 곳이 어딘지 알 수 없게 되었다. 소용돌이 모양으로 된 천정에 거대한 털이 늘어선 방으로 들어섰다. 그 순간 무시 무시한 충격파에 얻어 맞았다. 그곳은 내이(內耳) 속이었고, 외부에서 가위를 떨어뜨린 소리가 전해진 탓이었다.

"큰일 났다. 축소화 되는 시간이 끝났다."

출구를 발견하지 못한 채 잠수정도, 5명의 의사들 몸도 점점 커져 갔다.

갑자기 심한 분류(奔流)를 타고 일행은 눈 깜짝할 사이에 몸 바깥으로 밀려 나갔다. 고통때문에 과학자의 눈에서 넘쳐 흐르는 눈물과 함께 탈출을 한 것이었다.

이것은 물론 공상(空想)영화이긴 하지만 이 영화와 같이 인간의 육체라고 하는 것을 미크론(아주 작은)의 눈으로 보면 그것은 우리들의 낯익은 일상 세계와도, 또한 별이 빛나는 천체(天體)의 대우주와도 다른 아주 이상한 세계라는 것을 알 수가 있다.
 쉽게 말해서, 가장 작은 극소적인 수준으로 내려가서 인체를 구성하는 하나 하나의 원자(原子)를 하나의 별이라고 한다면, 터무니 없이 큰 규모의 초우주(超宇宙)가 나타나게 되는데, 직경이 대략 400억 광년이라고 하는 천체의 대우주와 그 속에서 빛나는 모든 별을 전부 합한다 해도, 우리들 인간의 작은 새끼 손가락 속에 포함되어 있는 원자의 수효보다 훨씬 적은 것이다.
 이것을 생각하면 인간의 육체란 굉장한 것이라고 할 수 있다. 거의 만능에 가까운, 무엇이나 할 수 있는 잠재 가능성을 지니고 있다고 할 수가 있다.
 다만, 그렇다는 사실을 인간이 아직 자각하고 있지 못하고 있는 것이 아닐까?
 우리들 육체를 구성하고 있는 엄청난 세계를 우선 몸을 구성하고 있는 세포에서부터 살펴보기로 하자.
 인체 세포의 평균 크기는 직경이 약 20미크론(0.02밀리)인데, 그것을 쌓아 올려서 인간의 평균 키인 160센티를 만들려면 약 8만개가 필요하다.
 한마디로 8만개라고 하지만 이것은 굉장한 수효이다. 이를테면, 하나 하나의 세포를 쌓아 올려서 사람의 몸을 만들듯이 우리들 한 사람 한 사람의 몸을 같은 수효 만큼 쌓아 올린다면, 평균 키가 160센티라고 할때, 그 높이는 12만 8천미터가 된다.
 성층권(成層圈)보다 훨씬 위를 비행하는 초음속 여객기의 높이보다 여섯 배 이상 높은 것이다. 실로 어마 어마한 거인(巨人)인 셈이다.
 따라서 하나 하나 세포의 수준에서 본다면, 우리들의 육체는 터무니 없이 거대하고 그러면서도 한 치의 어김도 없이 정밀하게 통제되고 있는 아주 상상키도 어려운 존재인 것이다.

이것과 비교하면, 우리들이 살고 있는 이 지구에 사는 인구수인 40억 같은 것은 놀랄 것이 못된다.

인간의 몸을 구성하는 세포의 수효는 총 30조(兆)라고도 하고 60조, 또는 100조라고도 한다. 가령 최소한 30조가 된다고 치고, 그 세포가 매 초마다 하나씩 없어진다면 사람의 몸 전부가 사라지는데 90만년이 걸리는 셈이 된다. 이것은 인류가 털투성이 초기원인(初期原人)으로부터 오늘날의 문명인이 되기까지 진화하는데 필요했던 100만년의 역사와 거의 비슷한 시간이다.

물론 살아 있는 사람의 경우에는 점차적으로 새로운 세포가 분열 증식하여 낡은 세포와 바뀌게 된다.

가장 소모가 심한 피부 표면 같은 것은 세포가 겹친 20개 이상의 층으로 이루어져 있고, 몇주일만에 표면으로 나오면서 낡은것부터 벗겨져 나가는 것이 이른바 '때'라고 하는 것이다.

사람의 피부를 우표 만한 크기로 잘라 내어 현미경으로 조사해 보면, 대략 300만개의 세포로 구성되어 있고 여기 저기에 100개의 땀구멍과 15개의 기름을 분비하는 구멍이 입을 벌리고 있는 것을 알 수 있다.

땀을 뿜어 내는 한선(汗腺)의 길이는 하나 하나 보면 불과 0.3미리 정도에 지나지 않지만, 몸 전체의 이 관(管)을 전부 연결시키면 16킬로미터나 된다. 그곳에서 하루 평균 700입방센티의 땀을 뿜어 낸다.

인간이 일생 동안에 흘리는 땀을 전부 남김없이 모으면 홀

류한 수영 풀장 정도가 되며, 자기가 흘린 땀 속에 빠져 죽는 일도 있을 수 있는 것이다.

　그 밖에 인간의 피부에는 온도와 아픔, 접촉할 때 압력을 느끼는 말초신경이 있고, 온몸을 살펴 보면 20만개의 온점 (溫點)과 40만개의 통점(痛點), 50만개의 압점(壓點)이 분포되어 있으며, 이것이 이른바 굉장히 정밀한 외계변화측정기(外界變化測定器)로서 뇌의 중추 콤퓨터와 연결되어 있는 것이다.

3. 초과학적인 메커니즘

　이들 외계변화측정기 가운데서도 가장 정밀한 구조를 갖고 있는 것은 눈과 귀와 같은 감각기관인데, 예컨데 눈의 망막에는 1억 3천 7백만개의 시각요소(視覺要素)가 있어 직접 빛을 느끼는 100만개 가량의 시신경을 보좌하고 있고 눈알의 건조를 막기 위해 하루에 약 0.5그램, 대략 10방울 정도의 눈물이 분비되어 항상 그 표면을 적시고 있다.

　한편, 귀는 귓구멍의 길이가 약 2.5센티로서 입구에서 외이(外耳)·중이(中耳)·내이(內耳)로 나뉘어져 있고, 소리에 의한 고막의 진동은 중이에 있는 3개의 뼈속을 통과하는 동안에 그 압력의 크기가 10배에서 20배로 증폭되며, 그 결과 1초 동안에 15회에서 1만 5천회 정도의 진동수 소리를 포착하게 되는 것이다.

　가장 안쪽에 있는 내이의 와우각(蝸牛殼)이라고 불려지는 소용돌이 모양으로 된 방에는 액체 속에 청모(聽毛)가 늘어서 있어서, 전해져 온 진동을 받아 미묘하게 증폭되는데, 그 움직임을 신경전류(神經電流)의 파루스 신호로 바꾸어 뇌로 보내게 되며, 그 청각 신경은 대략 3만개가 한 다발로 되어 있다.

　이러한 감각기관 외에도 피부의 표면에는 수많은 체모가

밀생하고 있는데, 특히 많은 것은 머리털로서 약 10만개 정도이고 한개의 머리털은 한 달 동안에 1~1.5센티 가량 자란다.

다음에는 인체의 골격 구조를 살펴보기로 하자. 우리 골격 수효는 전부 합해서 206개이고 무게는 체중의 15퍼센트로서 의외로 경량구조(輕量構造)인 것이다.

특히 허벅지의 뼈는 굉장히 튼튼하여 약 2톤의 중량을 지탱할 수가 있다. 따라서 웬만한 집의 기둥보다도 튼튼한 셈이다.

그리고 제일 뼈가 많이 모여 있는 곳이 손인데, 손목에 16개, 손바닥에 10개, 손가락에 28개가 있으며, 그 정묘한 기능에 의해 오늘날의 거창한 문명이 이룩된 것이다.

이런 뼈를 움직이게 하는 근원은 근육의 힘으로서, 근육은 온몸에 약 600개 있으며 서로가 뇌의 지배를 받아서 움직이는, 예를 들면 한마디 말을 하는 데에도 턱뼈에 연결된 72개의 근육을 운동시키지 않으면 안되게 되어 있는 것이다.

입을 통해서 인체 내부로 들어가면 식도내벽(食道內壁)에는 매우 가느다란 섬모(纖毛)가 움직이고 있는데, 1초 동안에 12번에 걸친 심한 전후파동운동(前後波動運動)을 되풀이하게 되어 그 덕분에 우리들은 우주의 무중력 공간(無重力空間)에서도 음식을 삼킬 수가 있는 것이다.

이 식도에서 항문에 이르기까지 음식이 통과하는 소화관의 길이는 약 9미터에 달한다. 즉 인간의 몸도 알고 보면 속이 비어 있는 원통과 같은 것이며 인체 내부에 장치되어 있는 이 긴 피부의 표면(소화관 내벽)으로부터 인체는 영양분을 흡수하고 있는 것이다.

또한 목소리는 1초 동안에 시속 16킬로의 속도로 공기를 통과하는데 재채기나 기침같은 것은 시속 320킬로의 정말로 무시무시한 속도를 내는 것이다.

하루 동안에 목 안을 통과하는 공기는 줄잡아서 1만 1천 5백리터, 그와 동시에 약 10억개 가량의 조그만한 먼지가 들어온다. 그것을 제거하기 위해 맨 먼저 코털이 여과시키고, 다음에는 하루에 1리터의 액체를 만드는 비도(鼻道)에서 빨아들이며 나머지는 목의 점막(粘膜)에서 먼지를 붙잡아 가래침으로 배출 한다. 정말 놀랄 만큼 정교한 공기 정화 장치라고 할 수 있는 것이다.

사람은 대체로 1분에 16번, 1시간에 960번, 하루에 2만 3천 4십번 숨을 쉰다. 바꾸어 말해서 일생동안 폐를 5억번 작동시키는 셈인데, 이토록 내구력(耐久力)이 있는 인공 심장은 아직도 인간이 개발하지 못하고 있다.

어쨌던 한 번 숨을 쉴 때마다 약 500입방센티의 공기를 빨아들인다. 그러나 전부가 완전히 교류되는 것이 아니고, 숨쉬는 사이에 폐에는 약 3,000입방센티의 공기가 남아 있으므로 한 번 숨을 쉬는데 6분의 1만 교환이 되는 셈이다. 그러나 심한 운동을 할 때는 평상시보다 10배 이상의 산소를 호흡한다.

4. 인체에 숨어 있는 대우주

　산소를 혈액으로 보내는 곳은 폐포(肺胞 : 허파꽈리)라고 불려지는 공기주머니로서 그 크기는 굉장히 작으며 좌우 양쪽 폐를 합해서 7억 5천만 개이다. 그 전표면(全表面)을 하나의 평면으로 펼치면 56평방미터로서 몸의 표피 전면적의 25배가 된다.
　소화관이나 폐포나, 인체의 표면적은 겉에서 보는 피부보다도 그 내부에 있는 속피부가 어마어마하게 넓고 큰 것이다. 그러면서도 폐의 무게는 불과 2킬로그램 밖에 되지 않는다.
　그곳에서 산소를 얻기 위해 혈액은 쉴새없이 2,3분 마다 폐를 통과하지 않으면 안된다.
　인간의 몸을 수십조의 인구가 사는 큰 도시라고 가정한다면, 그 속을 사통팔달(四通八達)하는 혈관망(血管網)은 완비된 하이웨이라고 할 수 있을 것이다. 대동맥에서 모세관까지 혈관의 전체 길이는 9만 5천~16만 킬로에 이르며 지구를 네바퀴 도는 길이가 된다.
　온 몸에 들어 있는 혈액의 분량은 약 7,000입방센티인데, 그중 약 80퍼센트가 물이며, 적혈구·백혈구·혈소판 등이 그 속에 떠돌고 있다.

적혈구의 수효는 약 25조(兆), 백혈구의 수효는 500억, 혈소판은 1조 5천억이나 되는데, 전부가 혼합되어 직경 2.5센티의 대동맥 내부를 초속 10센티의 속도로 흘러가며, 온 몸을 한 바퀴 도는데 약 1분 밖에 걸리지 않는다.

이 산소를 운반하는 적혈구는 직경이 1만분의 7.5센티이고, 골수(骨髓)에서 만들어져 생존기간인 30일 동안 몸 안을 돌아다니고, 간장에서 1분 동안에 720만개의 비율로 파괴되어 순환하는 동안 제거되게 마련이다. 그리고 이때 혈색소의 철분(鐵分)은 85퍼센트가 회수되어 또 다시 골수로 운반되면서 새로운 혈색소를 만드는데, 이같은 사실은 폐기물의 공해와 자원의 낭비로 고민하는 현대문명 세계에 있어서 일깨워 주는 바가 크다고 하겠다.

또한 혈류(血流)가 새는 곳에 달라 붙어 수리하는 구실을 하는 혈소판(血小板)은 1조 5천억 개나 되지만, 그 전량은 찻숟가락 두 개 정도 밖에 되지 않는다.

이런 피를 하루에 9,000리터씩 쉴새없이 밀어내는 놀라운 힘을 가진 것이 바로 심장이다. 사람이 70세까지 산다고 하면 약 25억 번을 움직이는 셈이 된다.

심장의 크기는 대체로 주먹 크기 말하며, 무게는 230~340그램 정도, 몸무게의 약 200분의 1이고 순환혈액의 약 20분의 1이 자체의 산소를 보급하는데 필요하다.

매분마다 심장을 통과하는 혈액은 몸안에 있어서의 전량과 같고 특별히 심한 운동을 할 경우, 심장의 고동은 빨라지며 혈관은 쉬고 있을 때의 9배 정도 피를 받아들이는 것이다. 또 심장의 수축력은 굉장히 강력하다.

대동맥에 작은 구멍을 뚫으면 핏줄기는 5~6미터 높이까지 올라가게 되며, 이 심장과 맞먹을 만큼 우리 몸에서 놀라운 기관은 우리들의 마음인 영혼이 깃든 뇌(腦)인 것이다.

뇌세포의 총수효는 줄잡아 150억 개인데, 세계 전 인구의 약 4배나 된다. 한 개의 뇌세포가 체세포(體細胞) 약 5천 개의 정보연락을 맡고 있는 셈인 것이다.

사람이 가만히 서있을 때도 뇌의 평형중추(平衡中樞)는 200조 이상 신축하는 근육의 긴장도(緊張度)를 조절하고 있는 것이다.

이 뇌와 연락하는 신경섬유 중 가장 가는 것은 직경이 1,000분의 1밀리이고, 자극의 전달 속도는 초속 30센티. 그리고 그 중 10배의 굵기라면 초속 135미터가 된다.

뇌의 표면에는 수많은 주름이 잡혀 있는데, 그 주름을 평평하게 넓힌다면 면적이 2,000평방센티 이상, 즉 방석 한 장 정도의 넓이가 된다. 뇌는 매분 약 750입방센티의 혈액을 필요로 하며, 몸의 전 산소 소비량의 20퍼센트를 소비한다. 그리고 불과 5분 동안이라도 산소 공급이 중단되면 뇌는 죽어버리고 만다.

보통 우리들은 두뇌의 능력 가운데 10~15퍼센트 밖에 쓰고 있지 않지만, 70세까지 살았을 때, 뇌에 기억되는 항목의 수효는 15조(兆)에 달하므로, 대우주의 은하계 성운(銀河系星雲) 50개 분량의 별의 총수효와 같게 된다.

이것으로 볼 때, 인간의 몸에는 상상할 수 없는 대우주가 깃들어 있음을 알 수가 있다.

우리가 간단하게 생각하기 쉬운 우리의 몸이 알고 보면 이런 어마 어마한 하나의 세계를 이루고 있으며 그런 육체가 마음의 작용에 의하여 질서정연하게 운영되고 있는 것은 마치 이 대우주가 조물주의 힘에 의해 질서 있게 운영되고 있는 것과 같다고 할 수 있다.

옛날 사람들은 직관(直觀)에 의해 이러한 이치를 알고 있었던 모양이다. 밀교(密敎)에서도 인간의 몸을 끝없이 확대한 것이 대우주라고 하였다. 또한 그리스도교에서는 하나님께서 당신의 모양을 따서 인간을 만드셨다고 하였다.

'요가'에서 조물주란, 이 대우주에 편재하여 있는 우주의식(宇宙意識)이오, 에너지를 만든 근원적인 힘이라고 하였다. 또한 인간은 하나님의 분령체(分靈體), 곧 하나님이 한없이 분화되어 인간의 모습이 된 것이라고 하는 이야기도 이 것을 뜻하는 것이 아닌가 한다.

우리가 보는 대우주도 그 언젠지 모르는 아득한 태고(太古)에는 에너지의 형태로 존재했을 뿐이고, 앞으로 오랜 세월이 지나면 이 물질 우주는 다시 없어질 것이라고 한다.

우리의 몸 안에서 쉴새없이 세포가 파괴되면서도 한편으로 새로운 세포가 탄생하듯, 우주에서도 끊임없이 새로운 별이 탄생하고 있는가 하면 한편으로는 소멸되는 세계가 있는 것이라고 짐작된다.

이 대우주에 편재하는 우주의식을 가리켜서 하느님이라고 한다면 우리의 육체라는 작은 우주를 움직이며 육체 안에 편재해 있는 정신, 곧 에너지 생명체가 영혼이 아닐는지.

육체를 지배하는 영혼의 힘은 모든 면에서 창조주의 축소판이라고 해도 좋을 만큼 엄연히 하나의 독립된 존재인 것이다. 육체의 기능이 파괴될 때 인간의 영혼은 어디론지 떠난다.

그 영혼이 돌아가는 곳이 유계(幽界)라고 우리는 알고 있는데 유계가 어떤 곳인지, 그것을 앞으로 여러 장(章)에 걸쳐서 알아보고 인간의 육체가 죽은 뒤에 생명이 계속되는 과정을 자세히 살펴보기로 하겠다.

제 I 장
삶과 죽음의 세계

1. 영혼의 여로(旅路)

　인간이 기본적으로 복합생명체(複合生命體)라는 것은 오늘날 의학에서도 부정하지 못하는 사실이다. 인간이 마음을 갖고 있다는 인식이 성립되지 않는다면 정신의학이란 존재할 수 없기 때문이다.
　비교적(秘敎的=密敎的)인 가르침은 한 걸음 더 나아가 인간은 영혼을 갖고 있으며 영혼은 출생하는 순간, 신생아(新生兒)의 육체에 들어간다고 이야기하고 있다.
　만일 혼(魂)이 출생과 동시에, 또는 그 바로 직전에 신생아에게 깃들게 되는 것이라는 견해에 따른다면 태아에게는 인격이 없는 것이 되고 요즈음 한창 문제시되고 있는 낙태의 '죄'도 성립이 되지 않는 셈이다.
　그런데 이같은 견해를 지지하지 않고 미생아(未生兒)도 완전한 인간이라고 생각하는 기성 종교도 있는 것이다. 어느 쪽 주장이나 직관적으로 증명하는 것은 상당히 어려운 일이지만, 출생 후 인간이 이른바 영혼이라고 불리워지는 비육체적인 요소를 갖춘다는 사실을 과학적, 합리적으로 증명한다는 것은 불가능한 일이 아니다.
　그렇다면 죽음이란 무엇인가? 질병이나 생명 유지기관의 기능 상실에 의한 육체적인 여러 기능이 정지된 상태, 출생과 더불어 생긴 여러 가지 운동이 중단된 상태라고 말할 수 있지 않을까 생각된다.

인간이 지녔던 두 가지 요소는 또 다시 분리되어 각각 다른 방향으로 나아가게 된다. 조작력(操作力)을 빼앗긴 육체는 단순한 껍질에 지나지 않아서 물질이 갖는 일반 법칙을 따르게 된다.

대기(大氣) 속에 노출되면 급속히 분해되고 여러 가지 형태로 나뉘며, 흙으로 돌아가서 흙이나 물 등 그 기초적인 화학물질이 되어버린다.

한편, 영혼은 듀우크 대학의 존셉·B·라인 박사가 말하는 바와 같이, '마음의 세계'로 여행을 계속한다. 즉, 영혼의 존재를 믿는 사람에게 있어서 그것은 마음의 세계로 들어가는 것을 뜻하는 것이다.

영혼이라는 소인(素因)의 개념을 거부하는 사람에게 분해된 육체는 사자(死者)의 잔해이며, 그것이 전부라는 것이 된다.

죽음의 공포를 조성하여 사람이 살아 있는 동안에 생명에 대한 허무적인 태도를 키워서, '죽음은 모든 것의 종말'이라든가 '묘지(墓地)는 무섭다'는 따위의 표현의 증후(症候)를 만드는 것은 모두가 이런 개념의 탓이라고 할 수 있다.

죽음은 저마다의 문화 속에서 각각 다른 힘을 지니고 있다. 원시인에게 있어서 죽음이란, 사랑하는 사람을 아직도 필요로 하고 있는 데도 불구하고 빼앗아가는 복수의 신(神)이었다.

중세(中世)의 열광적인 그리스도 교도들에게 있어서, 죽음은 인간이 일생을 통해 두려워 하지 않으면 안되는 벌이었다. 왜냐하면, 죽은 뒤에 마지막 심판날이 찾아오기 때문이었다.

서아프리카 사람과 그들의 먼 혈족민족인 아이티 사람들은, 아이티에서 파파·네보라고 불리워지는 기묘한 의식(儀式) 속에서 죽음을 숭배하고 있다.

스페인과 아일랜드의 가톨릭 교도들은 죽음을 우아한 축제로서 축하한다. 그들은 멀리 떠나 가는 사람이 죽은 뒤에도 좋은 대우를 받을 수 있도록 도와주고 싶다고 원하고 있기 때문이다.

한편 동양에 있어서 죽음은 정다운 역할을 맡고 있다. 중국인·인도인·고대 이집트인 등 영적(靈的)으로 진보된 신앙에 있어서 죽음은 인생의 종말이 아니라 시작이기 때문이었다.

죽음이란 보다 차원 높은 의식으로 통하는 관문의 역할을 해 주었던 것이다. 서양에 있어서와 같은 침울한 견해를 동양의 의식에서는 전혀 찾아볼 수가 없다. 그것은 철학이 다르기 때문이다.

물론 동양 사람들도 장례식에 따라 구별이 되기는 하지만, 서양에서와 같이 장례식을 종말(終末)의 의식으로 여겨 종말감이나 비애감으로 거행하지는 않는다. 아마도 이런 중용성(中庸性)은 동양인들이 확고하게 붙들고 있는 강한 내세관(來世觀)에서 생겨난 것일 것이다.

이와는 반대로 서구세계는 사후(死後)의 세계가 있다는 것을 이야기하고는 있지만, 성서가 간단명료하게 밝혀 놓은 것을 아무런 분석도 가하지 않고 그대로 믿는 소수의 기본주의자(基本主義者)를 빼놓고는 다음 세상이 존재한다는 구체적인 관념이 없는 형편이다.

어떠한 형태거나 죽은 뒤에도 삶이 계속된다는 생각을 인정하지 않는 종교란 거의 없는 것이 사실이다. 그야 유대교라든가 극단적으로 자유주의적인 그리스도 교도와 같이, 막연하게 정의된 천국이나 지옥에 있어서의 영혼과, 죽은 뒤의 존재라는 기본적인 신념보다는 교회적인 면에서 그 종교적인 본질을 찾으려고 하는 것도 있는가 하면, 순수한 마르크스주의자가 생각하는 공산주의도 하나의 종교같은 것이므로, 그들의 입장에서는 영혼이라는 개념을 비난하는 무리도 있는 것이다.

과학적으로 정확한 용어를 활용해 영혼불멸의 가르침을 합리화하려는 종교는 하나도 없다. 전통적인 가톨릭의 가르침은 그런 의문을 갖는 것 자체를 바람직하지 못한 것, 직업적인 계급제도에 묶인 교회 내부의 극히 한정된 일부 사람들만이 의문을 제기할 수 있는 적격자라고 하여 거부하고 있는 것이다.

하나의 단계가 다음 단계를 낳게 한다는 것은 분명한 사실이다. 만일 영혼의 실재성을 인정한다면 스스로 질문을 하지 않으면 안된다. 영혼은 어디로 가는가 하고 말이다.

인간의 본질에 관한 탐구심은 그 이전의 환경에서 빠져 나온 영혼이 사는 세계에 대한 호기심으로 확대되기 마련이기 때문이다.

또다시 말하지만, 종교는 우리들에게 사후(死後)의 삶에 대한 이야기를 들려 주었으나 그 이야기의 대부분은 인간이 만들어낸 정의의 개념으로 구성되어 있을 뿐, 객관적 진실성은 매우 희박한 것이다.

2. 영계(靈界)로부터의 귀환

 가장 알고 싶은 사실은, 자기 자신이 비육체적(非肉體的) 세계에 직접 도착할 때까지 기다리지 않으면 안된다는 사실이다. 또 비육체적 세계가 어떤 곳인지 알고 싶으면 몇 개 있는 통신로(通信路) 가운데 어느 하나를 사용하지 않으면 안된다.
 이들 통신로에 대해서는 다음 장에서 이야기하겠거니와 탐구하는 사람은 통신로를 선택함에 있어서 자기가 쓰는 채널(통신로)의 신뢰성을 평가하지 않으면 안된다는 것을 명심해야 한다.
 탐구자의 체험이 직접적인 것이라면 그는 그 자신이 놓여져 있는 지위 또는 생각하기 위한 존재상태만을 얻은 것이 된다. 그러나 다음 세계에 대한 발견을 위해 궁극적 단계를 기다리거나 또는 그것을 얻는다는 것은 분명히 직접적인 접근법이다.
 '죽음의 세계에서 돌아온 자는 없다'는 말이 진실이 아니라고 해도 이 책은 그것이 진실이 아님을 밝히는 데에 목적이 있거니와, 이 말이 표현하는 것과 같이 이 세상으로 돌아온다는 것이 곧 매일 출근하는 것과 같이 교신할 수 있다는 것을 뜻하는 말은 아니다.

죽은 사람과 뜻을 통하고 싶다는 것은 인류의 기원만큼이나 오래 된 소망이었다. 원시인들은 죽음이 사랑하는 사람과 자기를 떼어 놓고, 그 이별을 방지할 수 없다는 사실을 알게 됨과 동시에, 그렇다면 다음에 어떻게 하였으면 좋은가를 생각하게 되었다.

죽은 사람과 어떻게 하면 교신할 수가 있을까. 다시 불러 올 수는 없는 것일까. 부르기만 하면 나타날 수는 없는 것일까.

이상은 그 원시인이 살고 있는 장소 여하를 따질 것 없이 원시종교의 구성에 주어진 기본적인 요소이다. 그러나 원시인은 그를 둘러 싸고 있는 자연에 대해서 거의 이해를 하지 못했고, 따라서 그가 이해할 수도 없고 대항할 수도 없는 자연의 힘을 인격화했던 것이다.

그래서 죽음은 어딘가 먼 곳에 있는 암흑왕국(暗黑王國)을 지배하는 강하고 불길한 힘을 지닌 존재가 되었다. 멀리 떠나간 사랑하는 사람과 교신하기 위해서는 '죽음'의 허가를 받든가, 지력(知力)에서 죽음보다 강하지 않으면 안된다고 생각했었다.

사랑하는 사람과 만나기 위해서 '죽음'의 허가를 얻는 일은 아주 드문 일이었다. 훨씬 진보된 그리이스 사람들의 신화(神話) 속에 나오는 오르페우스나 율리시즈의 이야기도 여기에 역점을 두고 있다.

죽음을 이긴다는 것은 더욱 어려운 일이었다. 모두가 실패했고, 저 부자인 페르시아의 상인은 사마리아에 도망쳐 보았으나, 그곳에서 그를 기다리고 있는 자기 자신의 죽음을 발견한데 지나지 않았다.

이상의 어떤 이야기를 보아도 '죽음'은 언제나 사람을 기다리고 있었고 그것도 사랑하는 사람과 만나게 하기 위해 사람을 죽음의 왕국으로 데려가는 것도 아니었다. 원시인의, 그리고 고대인의 인력화(人力化)된 '죽음'조차도 얼마나 전지(全知)한 존재였는가를 알 수 있다.

아이티 사람들이 지금도 행하고 있는 서부 아프리카적인 사자(死者)와의 교신은 물을 통해 죽은 자와 이야기하는 것이다.

조상 숭배가 종교적 도덕성의 일부를 이루고 있는 동양에서 교신은 승려들이 이미 이룩해 놓은 채널을 통해 가능하지만 제사로서 그것을 정당화 하지 않으면 안된다.

동양인의 경우에 죽음이란 '이방인'도 아니고 벌도 아니며 육체에 새겨진 원죄(原罪)에 대한 무서운 복수자도 아닌 것이다.

현대에 있어서는 심령론(心靈論)만이 크게 흔들리는 땅 위에서 신빙성의 웅장한 건물을 세우려는 경향이 있기는 하지만, 어느 정도 합리성을 갖고 사자(死者)와의 문제에 접근하고 있는 것이다.

사람이 죽은 뒤에도 그의 개성이 계속 존재한다는 증거를 심령과학이 밝혀놓은 것은 사실이지만, 그렇다고 해서 우리의 오관(五官)을 초월하는 만능의 힘을 죽은 자가 갖고 있다는 이야기는 아니다.

최근에 행해진 ESP(超感應能力)의 연구가 이들 체험을 종래의 과학 용어로 설명할 수는 없으나, 반드시 심령의 개입에 의존하지 않아도 된다고 밝히고 있다.

우리들은 인간으로서의 형태를 갖고 있는 상태에 있어서도 ESP능력을 갖고 있는데, 그 우리들의 마음이 지니고 있는 놀라운 능력을 제대로 활용하지 못하고 있는 것이다.

인간의 기원과 본질에 대한 결론적인 대답을 얻을 수는 없으나 사람은 누구나 죽는다는 것은 알고 있다. 사람이 영원(일종의 에너지 생명체)을 갖고 있을지도 모른다는 어떤 증거가 있다는 것도 역시 잘 알고 있다.

죽은 사람이 존재하고 그들이 우리가 살고 있는 이 물질세계 저 너머에 있는 또 다른 세계에서 새로운 삶을 누리고 있는 것이 확실하다면, 그들이 살고 있는 세계가 어떤 곳이며, 그 세계를 지배하는 법칙이 무엇인가를 알아 낸다는 것은 우리들의 가장 큰 관심의 대상이 될 수 밖에 없다고 생각한다.

중세(中世)의 비의종사자(秘儀從事者)가 이름 지은 '죽음의 기법(技法)'을 이해하는 것이 중요하게 되고, 죽음이라고 하는 본질을 보다 잘 이해해야 한다는 것도 소홀히 다룰 수 없는 문제가 된다.

우리들의 눈 앞에서 사라져 버린 사자(死者)가 무리지어 있는 비육체적(非肉體的) 세계의 존재를 인정한 이상, 다음에 우리들은 이 두 세계 사이의 계속적인 접촉에 관하여 조사해 보는 것이 당연한 일인 것이다.

여기에서 우리들은 이 두 세계 사이의 교신에는 쌍도성(雙道性)이 있음을 알게 된다. 즉 살아있는 사람에 의해 열려진 길과 죽은자에 의해 열려진 길의 두 가지가 있다는 것이다.

사람들 앞에 갑자기 나타나는 이른바 자연발생적인 현상을 관찰하는 것은, 처음부터 실험하는 뜻에서 일으켜진 접촉과 마찬가지로 중요한 일이다.

이 경우에는 언제나 속거나 그릇된 해석을 하거나, 자기망상(自己妄想)에 빠지는 일이 없도록 공정하고 밝은 눈으로 지켜보지 않으면 안된다.

이같은 종류의 탐구에 인간의 능력이 투여되는 이상, 인간이 지니고 있는 약함과 능력의 한계를 인정해 주지 않으면 안되기 때문이다.

그런 것을 인정했다고 하더라도 놀랄만한 사실이 현대의 사고방식이나 사고한도(思考限度)에 반하는 것같이 생각된다고 해서, 나타날지도 모르는 이들 사실에 대해 마음의 문을 닫아서는 안된다. 그러나 신중한 태도로 계속 연구하고, 그러는 가운데 사실상 인간이 죽은 뒤에도 삶이 있다는 것을 발견하게 되면 번뇌하는 인류에게 새로운 희망, 새로운 가치, 새로운 방향을 제시해 줄수도 있는 그 무엇을 제공하게 될 것이다.

� 제 2 장
영계(靈界) 교신의 채널

1. 내세(來世)는 존재한다

 죽은 사람과 소식을 나누고 싶다는 소망은 인류의 시초로 거슬러 올라간다. 그런 소망은 대체로 인간들의 어떤 고민 끝에서 생긴다.
 자기가 사랑하던 존재를 빼앗긴 사람들은 그가 아직도 생명을 가지고 있다고 생각하고 싶어한다. 어쨌든 살아 있는 사람보다는 많은 것을 알고 있으리라고 생각되는 죽은 사람으로부터 현명한 조언(助言)을 받고 싶다는 것은 가냘픈 희망때문이라고 할 수 있다.
 한편, '저승'이 있느냐 없느냐 하는 의문은 많은 사람들로 하여금 죽은 사람과의 교신방법(交信方法)을 강구하게 한다. 이런 교신을 원하는 사람들 가운데 아주 적은 수효의 사람들만이 개인적인 호기심보다는 오히려 과학적인 관심에서 교신을 시작하게 된다.
 그들은 '저승'이 어떤 곳이며 생명이 어떤 모양으로 계속되는가를 탐구한다. 그들은 자기들의 죽은 식구들이 그곳에서 어떻게 지내고 있는가 하는 것보다는 모든 죽은 사람들이 어떻게 지내고 있느냐에 관심을 갖는다.
 분명히 심령론(心靈論)은 전혀 개인적 고민이 없는 이들 열성적인 탐구가들의 관심을 크게 끌고 있는 것이 사실이다.

그들은 이미 '저승'이 존재한다고 하는 사실을 굳게 믿고 있으며, 다만 '저승'에 대하여 좀더 많이 알고 싶어 할 따름인 것이다.

심령문제는 진지한 과학적인 탐구심(探究心)을 가지고 두 개의 세계를 잇는 교신로와 관련시키고 있는 사람들 사이에서 조차도 분명히 견해 차이를 보이고 있다.

보수적인 초심리학자는 저승이 존재한다는 선험적(先驗的)인 견해를 인정하지 않겠지만, 죽은 사람으로부터의 송신은 그것과는 다른 무엇임을 증명하려고 애쓰는 것이다. 그들은 이 교신이 죽은 자와 살아 있는 자와의 틀림 없는 유대관계라는 사실을 인정하기 전에 온갖 다른 가능성을 알아 내려고 노력하는 것이다.

나는 이들 연구가들 중 어떤 사람은, 때로 사후생존(死後生存)이라는 가설(假說)의 어떤 형태도 인정하지 않으려는 극단적인 입장을 취하고 있음을 알고 있다.

나는 보수적인 초심리학자가 아니며, 따라서 다행히도 교신 채널에 대한 선입관에 구애를 받지 않는다. 이미 영혼이 존재한다는 증거를 갖고 있기 때문에 저승은 존재한다고 하는 것이 나의 견해이다.

자연발생적인 적지 않은 실례가 영혼의 존재를 말해 주고 있기 때문이다. 그러나 나도 생명을 지닌 비육체적인 영혼과의 교신을 지배하는 법칙을 좀더 알고 싶다.

앞서 이야기한 바와 같이, 교신에는 아침과 낮을 구별하는 커다란 두 개의 그룹이 있다. 우선 죽은 자가 먼저 시작하는 교신법이 그 하나인데, 이것들은 굉장히 흥미가 있으며 때때로 갑자기 일어나서 우리들을 놀라게 한다.

죽은 자가 살아 있는 사람과 교신하고 싶다고 바라는 이유는 아주 많으리라고 생각한다. 실례를 들어서 이들 이유를 자세히 설명해 볼 생각이다.

과학적인 관찰자의 입장에서 볼 때, 이런 종류의 자연발생 현상이 지닌 이로운 점은, 교신을 받는 쪽에서 마음의 준비가 되어 있지 않다는 점이다.

그는 적극적으로 교신을 원한 것이 아니기 때문에 소망을 이루었다는 기분은 거의 없이 순수한 마음으로 대할 수 있다.

보통 이러한 자연발생적인 접촉 뒤에 나타나는 순수한 감동의 상태가 크게 가슴을 부풀게 한다. 이것이 실험실에서는 도저히 재생(再生)시킬 수 없는 종류의 심령현상일 뿐만 아니라, 여기에는 채널의 양쪽 끝에서 느껴지는 독특하고 개성적이며 깊은 정서적 경험이 포함되어 있기 때문이다.

비육체적 세계의 '송신자(送信者)'는 살아 있는 특정인과 교신할 필요가 있다거나 충동이 있기 때문에 보내온다. 이때, 수신자(受信者)는 그 내용과 송신 형태에 의해 깊이 감동을 받게 된다.

이와 같이 그는 '저승'으로부터 보내오는 송신 하나하나 속에서 이중으로 감동을 받게 되는 것이다. 판에 박은 기술자나 익숙한 ESP능력자를 동원하여 실험실 안에서 이와 똑같은 상태를 만들어 낼 수는 없다.

우리들은 여기서 단순한 독심력(讀心力)이나 염력(念力)에 의해 주사위의 숫자가 나오게 하는 것과는 다른 좀더 복잡한 상황 속에 놓이게 된다.

조셉·B·라인 박사의 실험은 올바른 방향으로 가는 첫걸음인 하나의 과학을 위한 위대한 시초라고 할 수가 있다. 적의(敵意)가 많은 과학자들의 집단은 말할 것도 없거니와 매우 보수적인 초심리학자들이 빼먹고 있는 중요한 점은 바로 실험실 안에 가두어 둘 수도 없고, 또 인공적으로 만들거나 재생할 수도 없는 이 교신인 것이다.

그러나 실험실을 준비할 필요는 없다. 많은 중요한 자연현상을 실험실에서 실험할 수는 없다. 실제적인 화산 폭발, 해저 지진(海底地震), 대재해(大災害) 등을 연구소에서 뜻대로 재현시킬 수는 없으나 현실적인 사건을 현장에 있었던 적당한 목격자가 관찰할 수는 있다.

이 교신을 지배하는 온갖 법칙이 전부 알려져 있는 것은 아니다. 여기에서 필요한 것은 감정상태의 순수성과 독자성임은 당연한 일이다. 즉, 교신이 정말 필요하지 않은 이상 연결은 되지 않는다. 무엇인가 억제하는 법칙이 없었다면 우리들은 하루 종일 죽은 자와 산 자의 교신을 유지하게 되며, 그런 현상은 조금도 이상하지 않게 되리라고 생각한다. 그러나 현실적으로 그런 일은 드문 일이고 증거가 귀중하다는 이유는 그것이 결코 일상생활에서의 평범한 사건이 아니며, 교신 채널을 만든다는 것이 결코 쉬운 일이 아니기 때문이다. 그러나 자연발생적인 교신을 인정하기 위해, 과학적인 이론의 뒷받침이 절대 필요하다는 것은 아니다.

이 우주에는 많은 이상스럽고 희귀한 현상들이 있다. 그러나 그것들도 우주의 질서를 형성하고 있는 부분임에는 틀림이 없다.

이를테면, 새로운 별이 생기는 비율은 혜성이나 유성(流星)이 생기는 것보다 훨씬 적다. 그럼에도 불구하고 새로운 별은 관찰되고 평가될 수 있다.

태어날 때부터 피부에 색소(色素)가 없는 사람이나 동물은 일정한 비율로 나타나는 것이지만, 그래도 드문 현상으로 생각되고 있다. 그러나 이런 것도 자연이 일으키는 현상의 하나이며, 공상의 나래를 아무리 펼쳐 나간다고 해도 그것을 비과학적, 비실재적(非實在的)인 현상이라고만 단정해 버릴 수는 없다.

 수많은 실례를 반드시 과학적으로 또, 정확한 것으로 해두지 않으면 이야기를 진행시키지 못한다는 법은 없는 것이다.

2. 교신(交信)의 3가지 요소

비육체적인 세계에서 자연발생적인 교신 채널을 조작할 수가 있다면 문제를 푸는 주요한 열쇠를 손 안에 넣은 것이 된다. 아마도 이 채널 전부를 조작하는 '감독국(監督局)'은 인간에게 그 열쇠를 갖게 하고 싶어하지 않으리라고 생각된다.

한편, 그 누구도 우리들이 자기의 채널을 찾아서 우리들 쪽에서 교신하는 것을 방해할 수는 없는 것이다.

살아 있는 사람 쪽에서 열려지는 교신로가 교신의 두번째 큰 분야를 차지한다. 그것들도 쓰여지는 채널의 성질이나, 접촉하고 있는 또는 접촉을 꾀하는 개인의 접근법에 따라서 많은 범주로 나뉘어진다.

살아 있는 사람과 죽은 사람들 사이를 맺어 주는 중개인(仲介人)을 영매(靈媒)라고 부르고 있다.

승려와 목사(신부)가 사람과 신을 연결시켜 주는──그것이 되든 안되든──중계체라고 하는 생각은 우선 보류하고, 적어도 교신에는 세가지 요소 내지는 세 사람이 관련하게 된다. 즉 접촉을 바라는 사람, 그 접촉을 가능케 하는 영매, 교신을 해주는 영혼, 이렇게 세 사람이 필요하다는 이야기이다.

한 번 접촉로가 열리면 수신자도 송신자가 되고, 길을 연 자도 받는 사람이 된다. 그러나 매체는 여전히 매체에 지나지 않으며, 그의 유일한 구실은 될 수 있는 한 영매 자신의 개성때문에 방해되는 일이 없이 명확하게 양자(兩者)를 접촉시켜 주는 데 있다.

이것은 말로 하는 것처럼 그렇게 쉬운 일은 아니다. 영매 자신의 개성을 개입시키지 않기 위해서는 적당한 훈련이라든가, 연습이 필요하게 되며, 비록 그렇게 한다고 해도 두개의 세계를 연결짓는 모든 교신의 경우, 자칫하면 영매의 개성이 얼굴에 나타나기 쉽다.

매체로는 트랜스(입신상태)·투시(透視)·영청(靈聽) 등이 있는데, 이 경우에 자기의 개성이나 아집을 분리시킬 줄 아는 재능을 가진 사람이라면 프로나 아마튜어를 가릴 것 없이 영매가 될 수 있는 것이다. 이른바 '영매'라면 그 매체는 강령회(降靈會)가 개최되는 동안에도 의식을 잃는 일이 없다.

강령회란 정령(精靈)이 살아있는 사람들을 놀라게 하기 위해 '저승'에서 내려오는 어두운 방 안에서 행해지는 신비스러운 의식을 뜻하는 것은 아니다. 강령회란 글자 그대로 '저승'에서 온 죽은 사람과 만나는 모임인 것이다.

대부분의 교신은 보통 밝기의 보통 방에서 두 사람 이상의 사람들이 앉아서 비육체적 세계와 접촉하는 매우 단순한 모임에 지나지 않는다.

멀리 떨어진 곳(저승)에 있는 자가 영매의 성대(聲帶)로써 지껄이고, 그 또는 그녀 자신의 표정에 맞추어 영매의 표정도 움직인다.

때로는 '저승'에 있는 죽은 사람이 자기의 존재를 증명하기 위해 몸의 움직임을 나타내는 수도 있고 특수한 말투, 별명, 특정한 사람이 아니고서는 알고 있지 않은 하찮은 이야기를 들려 줌으로써 접촉을 구하고 있는 자에게 자기야말로 당신이 요구한 인물이며, 당신은 '저승'과의 접촉에 성공을 했다는 것을 알려 주는 방법을 쓰는 경우도 있다.

온 세계를 둘러보아도 좋은 영매란 흔하지 않다. 따라서 새로운 영매를 요구하는 소리는 크며, 나는 언제나 이 길에서 정진하는 사람을 찾고 있다.

대다수의 매체는 살아 있는 사람과 죽은 자 사이의 말을 연결시켜 주는 이른바 영매이다. 각 영매의 능력에 따라서, 말은 그대로 전해지기도 하고 잘못 전해지기도 하며, 상징적인 말이나 영상(靈像)이 들어올 때는 영매가 자기 마음에 비친 것을 번역하게 되는데, 이것이 영매가 지닌 능력의 성공여부를 결정하는 중대한 구실을 하게 된다.

영매에게는 이렇게 해야 한다느니, 그렇게 해서는 안된다느니 하는 엄중한 약속이 있을수 없다. 모든 경우가 미지의 분야를 각자의 의지에 의해서 진행시키는 것인 만큼 이점을 잊지 말고 머리에 넣어 둘 필요가 있다.

영적매체(靈的媒體) 가운데에는 많은 감응력자(感應力者)가 있다. 그들은 죽은 사람이나 또는 먼 곳으로 떠난 인물들의 소지품이었던 물건을 만져보기만 해도 그곳에서 그 소유주에 대한 사실상의 영상(映像)이라든가 인상을 끌어낼 수가 있다.

죽은 자와의 교신을 위해 감응능력법을 쓸 경우에는 당연한 일이지만, 영매가 자기에게 주어진 물체를 만져보고 얻은 고인(故人)(또는 멀리 떨어져 있는 사람)에 관한 어떤 사실을 하나에서부터 열까지 부인하는 태도는 깊이 생각해 볼 문제다.
 그러나 이러한 방법만으로 온갖 정보가 얻어진다고 생각하는 것도 또한 잘못이다. 물건을 손으로 만져서 어떤 정보를 얻는 모임에는 여러 번 참석해서 목격을 했거니와 죽은 자가 나타나면 감응능력자는 받아들인 전달 내용을 그 내용에 따라서 판단하지 않으면 안된다. 어느 물체가 옛 소유주에 대한 일정량의 정보를 스스로 간직하고는 있으나, 내가 아는 한은 그 인물의 완전한 일생 기록이나 자세한 경력을 간직하고 있는 것은 아니다.
 유일한 예외는 사람이 무참하게 죽었다든가, 그 인물이 몹시 감정이 상했을 때 그 물체가 그 인물의 몸에 부착되어 있었을 경우이다.
 그럴 때는 그 물체에 당시의 정경이 강하게 기록되고 있으므로 따라서 심령가(心靈家)는 그 기록을 읽을 수 있을 것이라고 생각된다.

3. 자동기술의 위쟈반(盤)

그러나 큰 도시에서 떨어진 시골이나 교외에 살고 있으면 유능한 영매를 그리 간단하게 구할 수가 없다. 그렇다고 해서 교통이 편리한 고장에 살고 있는 사람들만이 죽은 사람의 영혼과 교신하고 싶다는 소망을 갖고 있다고 할 수는 없다.

심령능력자의 아무런 도움도 없이 멀리 떠나가 버린 영혼과 이야기를 나누고 싶다고 생각하는 사람들은 그렇게 하기 위해 하나의 좋은 방법을 쓰고 있다.

우선 첫째, 가장 만족할 만한 직접 교신(交信)의 방법이 있다.

훈련을 통해 획득했거나 내부적으로 심령 능력을 갖고 있다는 행운의 사람들은 스스로 영매 능력을 발전시켜 멀리 떨어진 세계와 직접 연결할 수가 있는 것이다.

그 능력의 특수성과 그것을 연마하는 정도에 따라서 '다른 세계'와의 접촉을 즐기고 있는 사람도 많은 것이다.

이 접촉의 가장 일반적인 형태는 앞서 이야기한 투시·영청·투각 등을 통한 것으로, 이것은 이쪽에서 교신하는 종류의 것이다. 보통 이것은 일정한 자기 포기(텔레파시 : Telepathy)의 명상 기간 중에 행해진다.

또 하나의 방법으로 자동기술(自動記述)이 있다. 죽은 자의 영혼이 영매의 손을 움직이게 하여 글씨를 쓰게 함으로써 교신이 성립된다.

나는 많은 이런 실례의 조사를 통해 실제로 많은 사람들이 죽은 자의 지시에 의해 자동기술을 하고 있음을 알아 낼 수가 있었다.

진부(眞否)의 증거는 써 있는 글의 성질과 내용, 글씨 모양, 고인의 필적과 비슷한가 아닌가, 자동기술을 할 수 있는 사람이 고인의 생활에 대한 자세한 지식이나 습관을 전혀 몰랐는가를 감안하면 알 수가 있다.

이상이 자동기술의 진실성을 판단할 때 내가 고려하는 기준이다.

자동기술자 자신의 무의식적인 마음이 억압당한 생각이나 소망을 나타낸 결과일 수도 있고, 영혼의 지시라고 단정할 수 있을 만큼 뚜렷한 것이 아닌 경우의 실예도 많다.

다시 한번 말하거니와 이러한 교신 형태를 인정하기 위한 내가 정한 기준은 상당히 높으며, 단순히 여러 사실에 의해 보증되고 있다는 것 이상의 기준을 세우고 있는 것이다.

그러나 광범위한 기억과 매우 개성적인 특색을 지닌 비육체화된 인간(곧 영혼)은 생전에 소유했던 글의 스타일과 필적을 잊고 있지 않다는 것도 믿을 수 있는 것이다.

자동기술을 통하여, 전혀 알지 못하던 인물이 통신을 보내오게 되면, 이 현상의 신빙성은 훨씬 더 커지게 된다. 〈뉴욕 데일리 뉴우스〉의 기고가였던 고(故) 단톤·워커는 1895년의 러시아와 중국 분쟁때 전사했다고 생각되는 러시아의 한 장교로부터 보내온 통신을 그의 자동기술에 의하여 몇 페이지에 걸쳐서 기록했다.

쓰여진 글 전체가 단톤이 보기에는 너무나도 상식에 어긋

나는 터무니 없는 것으로 생각되었다. 그는 자기 자신이 갖고 있는 영매능력(靈媒能力)에 대해서는 충분히 알고 있었으나, 쓰여진 글 자체를 그대로 믿어 버릴 만큼 사람이 단순하지 않았다. 그러나 그는 그 이름과 이 인물이 보내온 자료의 조사를 통해, 그 이름을 가졌던 장교와 그에게 보낸 기록은 러시아와 중국 사이에 분쟁이 일어났을 때 실제로 있었던 일이며, 그 장교도 실재의 인물이었음을 알게 되었다.

다음에는 많은 사람들이 '저승'과의 교신을 위해 활용하는 사람이 만든 매체(媒體)기구가 있다.

프란세트라든가 위쟈반(盤)이라고 불리우는 도구인데, 넓은 판자에 알파벳 글씨와 숫자가 적혀 있어서 영계와의 통신을 원하는 사람들에게는 널리 알려져 있는 도구이다.

요즈음에 와서 이 기구는 대량 생산이 되고 있고, 어린이와 어른들의 인기를 얻고 있어서 이 기구에 대한 질문을 받지 않는 날은 하루도 없을 지경이다.

대학에서 강의를 할 때도, 대부분의 학생들이 이것을 가져오므로 설명하는데 시간을 빼앗기곤 한다.

위쟈반은 심령사상(心靈思想)의 물결이 미국과 영국을 엄습한 제1차 세계대전 후 처음으로 만들어졌다. 그 기구는 사랑하는 사람과 접촉하기 위한 한 방법으로서 지시침(指示針), 또는 사람에 따라서는 컵을 쓰는데, 그 바늘이나 컵이 '네!' 혹은 '아니오'를 가르키는 것으로 생각되었다.

위쟈반 자체는 조금도 초상적(超常的)인 기능은 갖고 있지 않다. 두 사람 또는 그 이상의 사람들이 위쟈반을 가지고 진정한 교신을 하려고 하면, 우선 이 앞에 모인 사람들이 질문하려고 하는 문제나, 당사자에 대해서 어떤 지식을 갖고 있는가를 조사하지 않으면 안된다.

위쟈반을 통해 교신하는 상대가 출석자 전원과 전혀 모르는 존재(영혼)이고, 나중에 송신자인 영혼이 이야기한 그대로의 인물이 존재했었다는 사실이 밝혀진 경우에 한하여 이 교신은 믿어도 좋다.

위쟈반을 써서 교신을 가능케 할 수 있는 것은 오로지 그 반(盤)을 쓴 사람의 심령 능력이다. 죽은 자와의 진정한 접촉은 이와 같은 방법으로 이루어지지만, 그렇게 쉽사리 성공할 수 있는 것은 아니며, 위쟈반을 써서 알고 싶은 것의 5퍼센트를 얻을 수 있으면 좋은 편이다.

몇년 전 뉴욕에서 영매인 에셀·존슨을 시켜서 실험한 위쟈반의 성공한 예를 기억하고 있다. 지시침이 움직였고 알파벳의 몇 글씨를 가리켰으므로 송신자가 병사인 것이 밝혀졌다.

그는 자기의 이름과 군번인 듯한 번호를 가리킨 다음에 그 이름을 가진 사람의 부모 이름을 가리키고, 그 자신은 제2차 세계대전 중에 공정부대에 속해 있었고, 필리핀 전선에서 전사했노라고 했다. 그리하여 나는 그 전사자(戰死者)의 친척을 찾아 내어 실제로 그런 이름의 병사가 생존했었다는 사실을 간신히 밝힐 수 있었다.

위쟈반을 분별없이 사용하면 위험을 가져오는 경우가 있다. 그것은 영매 능력을 갖고 있으므로 깊은 무의식 상태로 들어갈 수 있는 능력이 있으며, 자기가 갖고 있는 잠재능력을 모르고 있는 사람이 생각나는 대로 위쟈반을 놀리다가 전혀 생각지도 못한, 더우기 바람직하지 못한 상대를 '픽업'하는 경우가 있는 것이다.

일단 이쪽에서 접촉을 원해 얻어진 경우에는 그 맺어진 상태에서 빠져 나오기란 어려운 일이며, 전문가의 지도를 받지 않으면 온갖 종류의 재난을 당할 염려가 있다.
 이러한 이유에서 무의식 상태에 빠져 본 경험이 있는 사람, 진짜 영매인 사람은 남녀를 가릴 것 없이 혼자서, 즉 바람직하지 못한 무의식 상태에 빠졌을 때 그곳에서 끌어내 줄 수 있는 숙련된 심령연구가의 도움을 얻을 수 없는 상태에서 위쟈반을 쓸 때는 여간 주의를 하지 않으면 안된다.
 매우 드물긴 하지만, 절대로 일어나지 않는 일도 아닌 만큼 각별한 조심이 필요하다.
 그러나 사자(死者)와 교신하는 것은 나쁜 일이며, 위험하다고 하는 미신적인 공포는 옳은 생각이 아닌 것만은 분명하다.

자동필기되는 모양

그레스·로셔라고 하는 영매자를 통해 교신되고 있는 자동으로 필기되고 있는 모습으로서, 가볍게 펜을 쥐기만 해도 자동적으로 독특한 심령의 필적이 나타난다.

제 3 장
층으로 된 천국

1. 스리·유크데스의 부활

 이 이야기는 20세기의 가장 위대한 '요기'였던 파라만사·요가난다의 자서전에 있는 요가난다의 스승 스리·유크데스가 세상을 떠난 뒤, 제자인 요가난다 앞에 부활된 영체(靈體)를 나타낸 장면을 묘사한 글이다.
 이 글은 사람이 죽은 뒤에 그 영혼이 찾아가는 유계(幽界)에 대한 이야기가 자세히 기록되어 있기에 많은 독자들의 관심을 끌 수 있으리라고 생각된다. 이하 요가난다의 자서전에 적혀진 글을 발췌하여 번역 소개한다.

 주(主) 크리시나!
 엷게 흔들리는 빛에 둘러싸인 거룩한 아바다(구세주라는 뜻)의 모습이 봄베이의 리젠트 호텔 방에 앉아 있는 내(요가난다를 가리킴) 앞에 나타났다.
 3층의 활짝 열어 제친 긴 창문을 통해 무심히 바깥을 바라보니까, 건너편 높은 건물 위에 서 있는 뭐라고 형용하기 어려운 허깨비가 갑자기 내 눈 앞에 들어왔다.
 거룩한 모습은 미소를 띄우고 고개를 끄덕이면서 나를 향해 손을 흔들고 있었다. 주 크리시나의 뜻을 정확하게 이해하지 못하고 있는 동안에 그분은 기도하듯이 손을 올리고는 사라져 버렸다.
 이상하게 마음이 깨끗해지는 것을 느낀 나는, 이것이 어떤 영적인 사건의 전조가 아닌가 하는 예감이 들었다.
 1936년 6월 19일 오후 3시──봄베이의 한 호텔 침대 위에 앉아 있던 나는 형용키 어려운 기쁨에 잠겨 있던 명상에서 깨어났다. 그러자 놀랍게도 방안은 이상스러운 세계로 변해 있었다. 하늘에서 온 눈부신 빛이 햇빛을 대신하여 빛나고 있었다.
 육체의 모습을 드러낸 스리·유크테스를 본 나는 황홀감에 휩싸이고 말았다.
 나의 아들이여!
 선생님은 천사와 같이 매혹적인 미소를 띠우시면서 부드럽게 말씀하셨다.
 나는 생후 처음으로 무릎을 꿇고 정중하게 인사드릴 것을 잊고 굶주린 것처럼 선생님을 두팔로 얼싸안았다. 아! 얼마나 황홀한 순간인가. 지금 내 위에 내린 분류(奔流)와 같은 지복(至福)에 비하면, 지난 몇달 동안의 괴로움은 아무 것도 아니었다.
 "저의 선생님, 진심으로 사랑하는 선생님, 선생님은 어떻게 저를 두고 가셨습니까?"
 나는 너무나 기쁜 나머지 무슨 말인지도 모를 소리를 함부로 지껄였다.
 "어째서 선생님은 저에게 굼바·메라로 가는 것을 용서하셨습니까. 저는 그때 선생님의 곁을 떠난 것을 얼마나 후회했었는지 모릅니다."
 "나는 바바지(스리·유크테스의 스승)와 내가 만난 곳을 보고 싶다는 너의 즐거운 기대를 방해하고 싶지 않았던 것이다. 나는 너와는 잠시 헤어져 있는 것에 지나지 않는다. 너도 언젠가는 내가 있는 곳으로 올게 아니겠느냐.”

"하지만 이것은 정말 선생님이신가요? 선생님이 지금 걸치고 계신 그 육체는, 제가 프리의 정원에 매장한 그 육체와 같은 것인가요?”

"그렇다 내 아들아, 같은 것이란다. 이것은 피가 통하는 육체란다. 내 눈에는 에테르체로 보이지만, 네 눈에는 물질로 보일 것이다. 나는 우주원자로부터 완전히 새로운 육체를 만든 것이다. 네가 꿈의 나라에서 프리의 꿈의 모래땅에 매장한 꿈의 육체와 완전히 똑같은 육체로 나는 실제로 부활한 것이란다. 이 세상이 아닌 유계(幽界)에서 말이다——유계의 주민들은 이 세상 사람들보다 훨씬 쉽게 나의 높은 수준에 순응할 수가 있단다. 너도, 네가 사랑하는 제자들도 언젠가는 유계에 있는 나를 찾아오게 될 것이니라.”

"아, 죽음을 모르시는 선생님, 좀더 이야기해 주세요, 부탁입니다.”

선생님은 유쾌하신 듯이 킬킬거리고 웃으셨다.

"요가난다, 부탁이다 좀 부드럽게 안아주지 않겠느냐?”

"조금 늦추어 드리죠.”

나는 마치 문어처럼 선생님에게 꼭 매달려 있었다.

"예언자가 인류의 육체적인 '카르마'[업보(業報)란 뜻]의 성취를 돕기 위하여 이 세상에 보내지듯이 나도 구주(救主)로서 유계에서 봉사할 것을 하느님으로부터 명령받은 것이란다.”

스리·유크데스는 설명했다.

"그곳은 '히라니야로카' 또는 상부유계(上部幽界)라고 불리워지는 곳이란다. 나는 그곳에 살고 있는 영적(靈的)으로 진화된 사람들을 위해서 그들을 유체(幽體)의 카르마에서 해방시켜 주도록 도와주고 있는 것이다. 히라니야로카의 거주자들은 영적으로 높이 진화된 존재들이다. 그들은 모두 생전에 명상에 의하여 의식적으로 스스로의 육체라는 옷을 벗을 수 있는 힘을 얻은 사람들이다. 땅 위에서 카루파·사마지의 상태를 넘어서서 보다 높은 경지(境地)인 나루비칼파·사마지의 단계로 진화되지 않은 자는 그 누구도 히라니야로카에 올 수 없다."

"히라니야로카의 주민들은, 거의 전부의 사자(死者)가 처음에 찾아가는 보통 유계(幽界)를 이미 통과해 온 사람들이다. 그들은 이 유계에서 지난날의 행위의 씨앗을 거두어 들이고 있는 것이다. 유계에서 이와 같은 속죄의 일을 효과적으로 성취할 수 있는 것은 영적으로 진화된 사람에 한해서이다. 그것이 끝나면, 자기의 유체(幽體)에 깃들어 있는 카르마의 꼬차에서 영혼을 보다 완전하게 해탈시키기 위하여 이들 진화된 사람들은 우주법칙에 의해 새로운 유체를 갖고 부활한 히라니야로카에서 다시금 유계(幽界)의 태양 내지는 천체(天體)로 재생하는 것이란다. 히라니야로카에는 이곳보다 높은 영묘(靈妙)한 상념계(想念界)에서 온 진화된 사람도 있단다."

나와 선생님의 마음은 그때 완전히 일치되어 있었으므로 두 사람 사이에는 말보다도 오히려 정신감응에 의하여 의사의 소통이 행해졌다.

"너는 성전(聖典) 속에서, 하나님께서는 인간의 영혼을 3개의 몸——즉 하나는 상념체(想念體), 둘째는 인간의 정신적 및 감정적 존재의 자리인 정묘한 유체(幽體), 셋째는 거치른 육체——으로서 연속적으로 싸고 계시다는 것을 읽은 일이 있을 게다."
하고 선생님은 이야기를 계속하셨다.
"이 세상에서 인간은 육체적인 감각을 지니고 있다. 그러나 유계의 주민들은 의식과 감정과 프라나(생명소란 뜻)로 이루어진 몸을 지니고 살고 있다. 상념체(想念體)를 가진 인간은 지극히 복된 상념의 세계 속에서 살고 있다. 내가 맡은 일은, 상념계로 들어갈 준비를 하고 있는 이들 유계의 주민들을 도와주는 일이란다."
"귀하신 선생님, 유계(幽界)에 대해서 좀더 이야기해 주세요."
나는 스리·유크데스 스승님의 부탁에 의해 약간 끌어 안은 팔을 느슨하게 하기는 했으나 나는 여전히 그의 몸을 얼싸안고 있었다.
"유계에는 유계인(幽界人)이 가득차 있는 유질적(幽質的)인 천체(天體)가 있다."
하고 선생님은 이야기를 계속하셨다.
"그곳의 주민들은 하나의 유성(遊星)에서 다른 유성으로 여행할 때 전기 에너지보다도 훨씬 더 속도가 빠른 빛을 사용한다."
"유계란 곳은 빛과 색채의 여러 가지 미묘한 파동으로 이루어져 있으며, 그 크기는 물질계의 수백배나 된다. 전 물질계는 유계라고 하는 거대한 빛나는 기구(氣球) 밑에 매어 달려 있는 작은 고체로 된 바스켓 같은 것이다. 많은 물질적인 태양이나 별이 공간 속을 방황하고 있는 것처럼, 유계에는 수많은 유질적(幽質的)인 태양계와 성계(星系)가 있다. 유계의 달이나 태양은 물질계의 그것보다 훨씬 더 아름답다. 유계의 천체(天體)는 북극광(北極光)과 비슷하나, 태양의 극광(極光)보다도 더 눈부시다. 유계의 낮과 밤은 땅 위의 낮과 밤보다 길다.

유계는 무한히 아름답고, 청결하고 순수하고 질서정연한 세계이다.

죽은 유성(遊星)이나 불모의 땅 같은 것은 없다. 지상계(地上界)와 같은 결함, 이를테면 잡초·세균·곤충·뱀과 같은 것은 전혀 없다.

땅 위에는 기후와 계절에 변화가 있지만, 유계는 항상 봄 날씨이고 때때로 빛나는 눈이나 다채로운 빛의 비가 내린다. 유계에는 호수와 빛나는 바다와 무지개의 강이 풍부하다.

정묘한 하라니야로카의 유계가 아닌 보통 유계에는 비교적 최근에 땅 위에서 이동해 온 수백만 명의 사람들과 수많은 요정(妖精)·인어(人魚)·동물·요마(妖魔)·난장이·반신반인(半身半人)·정령(精靈) 등이 저마다 짊어지고 있는 카르마[업보(業報)]의 자격에 따라 다른 유성에서 살고 있다.

여러 천체가 선령(善靈)과 악령(惡靈)의 거처로서 제공되고 있다. 선령은 자유스럽게 여행할 수가 있으나, 악령은 한정된 지역에 갇혀 있다.

땅 위에서 인간은 지구의 표면에, 어떤 벌레는 땅 속에, 물고기는 물 속에, 새는 공중에서 사는 것과 마찬가지로, 유계의 주민들도 저마다 그들에게 어울리는 영역이 할당되어 있다.

타계(他界)에서 추방 당한 악마들 가운데에는 프라나의 폭탄이나 주문(呪文)이라는 정신광선(精神光線)에 의한 싸움과 알력이 있다. 이들 악마들은 그들의 사악한 카르마를 보상하면서 음울한 하층유계(下層幽界)에 생존하고 있다.

그러나 이 어두운 유계의 감옥 위에는 아름답게 빛나는 광대한 영역이 있다. 유계는 현계(現界)보다 좀더 자연스럽게 하나님의 뜻과 섭리에 따르고 있다. 온갖 유계의 주민은 본래는 신의 뜻이 구체화 된 것이며 현실화 된 존재이다.

그들은 하나님에 의하여 이미 만들어진 온갖 것의 미덕이나 형태를 변화시키거나 강화시키는 힘을 갖고 있다.

하나님은 유계에 살고 있는 당신의 자녀들에게 유계를 자유스럽게 변화시키고 개량할 수 있는 뜻과 특권을 주고 계시다. 땅 위에서는 고체(固體)가 자연적 또는 화학적인 과정을 겪지 않으면 액체 또는 그밖의 다른 모양으로 변화 시킬수 없다. 유계의 고체는 그 거주자의 뜻에 따라서 유계의 액체나 기체(氣體), 에너지로 변화시킬 수가 있다. 지상계는 바다도 육지도 하늘도 전쟁과 살인으로 암흑에 갇혀 있다."

선생님은 이야기를 계속하신다.

"허나 유계는 조화와 평등의 행복을 즐기고 있다. 유계의 주민은 그 모습을 자유스럽게 창조하기도 하고 해체할 수도 있다. 꽃이나 물고기, 동물은 그들 자신을 유계의 인간의 모습으로 변화시킬 수가 있다. 유계의 모든 주민은 어떤 모습을 갖던 자유이며, 서로 쉽게 뜻을 전할 수가 있다. 그들은 어떤 고정된 명확한 자연법칙에 의해 구속되는 일이 없다.

만일 원한다면 유계의 어떤 나무에도 생각하는 대로의 꽃을 피우게 하고 열매를 맺게 할 수가 있다. 어떤 카르마의 제약이 있는 것은 사실이지만, 유계에서는 어떤 모양을 하던 본질적으로는 아무런 차이가 없다. 왜냐하면 모든 것이 하나님의 창조광선(創造光線)으로 이루어져 있기 때문이다.

이곳에서는 여성을 통해 태어나는 일은 없다. 어린애는 유계의 주민에 의하여 그들의 우주의지(宇宙意志)의 도움을 받아 특별한 상(像)을 지닌 유질(幽質)의 응집체로써 물질화 되기 때문이다. 죽은 지 얼마 되지 않는 인간은 유계 주민의 초청으로 그들과 비슷한 정신적 및 영적인 경향의 유계로 오게 되는 것이다.

유체(幽體)는 더위나 추위, 그 밖의 자연조건의 영향을 받는 일이 없다. 그 몸에는 유질적(幽質的)인 뇌수, 즉 1천개의 꽃잎을 갖고 있는 빛의 연꽃과 유질적 척추인 6개의 예민한 중추(中樞)가 있다. 심장은 빛과 함께 우주 에너지를 유질적 뇌수에서 이끌어 내어 이것을 유질적 신경과 유체세포(幽體細胞), 즉 프라나에 주입한다. 힘이나 주문(呪文)의 숨결에 의해 그들의 몸에 영향을 줄 수가 있다. 유체(幽體)는 전세(前世)의 육체적인 형태와 똑같은 형태를 취한다. 유계의 주민은 땅 위에 살았을 때 젊은 시절에 간직하고 있었던 것과 똑같은 외모를 갖추고 있다. 또한 때로는 나와 같이 노령이 된 뒤의 얼굴을 지니고 있는 이도 있다."

선생님은 젊음을 구가하시듯 유쾌하게 웃으셨다.

"오관(五官)에 의해서만 인식되는 공간 3차원(空間三次元)의 물질계와 달라서 유계(幽界)는 육관(六官), 즉 직관(直觀)에 의하여 지각할 수 있는 세계이다."

스리·유크데스는 이야기를 계속했다.

"모든 유계의 주민들은 순수한 직관적 감각에 의해 보거나 듣거나 냄새를 맡거나 맛보거나 만지거나 한다. 그들은 눈을 세 개 가지고 있는데 그 중 둘은 반쯤 뜨고 세번째의 중요한 눈은 이마에서 수직으로 크게 뜨고 있다.

유계의 주민은 눈·귀·코·혀·피부 등 외적인 감각기관을 모두 가지고 있다. 그러나 그들은 몸의 어떠한 부분으로부터도 감각을 경험하기 위해서 직관적인 감각을 사용하고 있다. 그들은 귀나 코나 피부로 볼 수가 있다.

또한 눈이나 혀로 들을 수가 있고 귀와 피부로 맛볼 수도 있다.

땅 위에 사는 인간의 육체는 항상 수많은 위험 속에 놓여 있어서 상처를 입거나 불구가 되기 쉽다. 유체(幽體)도 때로는 잘리우거나 상처를 입는 일이 있으나, 그 상처를 치료하려고 생각하면 그 자리에서 아물고 만다."

"선생님, 유계의 사람들은 모두 아릅답습니까?"

"유계에서 아름다움이라고 하는 것은 외적인 모양이 아니라 영적(靈的)인 성질의 것으로 알려져 있다."

라고 스리·유크데스는 대답했다.

"그런고로 유계 사람들은 얼굴의 특징에 비중을 두지 않는다. 그러나 그들은 새롭고 다채로운 유질화체(幽質化體)로서 그들 자신을 장식할 수 있는 특권을 갖고 있다.

속계(俗界)의 인간들이 제일(祭日)에 나들이옷을 차려 입듯이 유계의 거주자도 특별한 디자인으로 만들어진 옷으로 자기 자신을 화려하게 꾸미는 경우가 있다. 히라니야로카와 같은 상층(上層)의 유계에서는 그 주민이 영적으로 진화되고 유계에서 해탈하여 상념계(想念界)로 들어갈 준비가 되었을 때, 축제가 열린다.

이와 같은 축제에는 눈에 보이지 않는 신(神)이나, 신과 하나가 되어 있는 성자(聖者)들도 저마다 여러 가지 모습이 되어 유계에서 열리는 축제에 참가하신다. 사랑하는 신자를 기쁘게 하기 위해서 주(主)는 신자가 좋아하는 어떤 모습이라도 취하신다. 만일 신자가 어린애와 같은 마음으로 주를 예배한다면, 그 사람은 신(神)을 성모(聖母)로서 보게 되리라. 예수에게는 무한자(無限者)인 아버지로서의 면이 다른 면보다 강하게 느껴졌던 것이지만——. 사람은 그 개성의 차이에 따라서 신(神)이 지닌 성격에 대해서도 온갖 개념을 때로는 생각할 수도 없는 개념으로 구성할 수가 있는 것이란다."

선생님과 나는 유쾌하게 웃었다.

"땅 위에서 친구였던 사람들은 유계에 와서도 곧 상대를 찾아 낼 수가 있다."

스리・유크데스는 아름다운 피리 소리와 같은 목소리로 이야기를 계속했다.

"그들은 우정의 불멸을 기뻐하고, 새삼스럽게 사랑은 소멸되지 않는 것임을 깨닫게 되며, 지상생활의 슬픈 이별의 시간이 꿈이 아니었던가 의심하는 경우도 있다.

유계의 주민은 직관의 힘으로 모든 땅 위의 인간 활동을 꿰뚫어보고 있다. 그러나 땅 위의 사람들은 매우 육감(六感)이 발달해 있지 않으면 유계를 볼 수가 없다. 땅 위에 살고 있는 사람들 가운데에는 유계와 그곳 주민들의 모습을 순간적으로 가끔 보고 있는 이들이 몇 천명쯤은 있다.

히라니야로카의 진화된 주민들은 긴 유계의 낮과 밤이나 우주정치(宇宙政治)의 복잡한 문제를 해결짓는 일이라든가 방탕한 아들의 속죄, 지상에 묶여져 있는 영혼을 구제하는 일을 거들면서 황홀한 상태 속에서 눈을 뜨고 있다.

그는 잠을 자면서 때때로 꿈과 비슷한 허깨비를 본다. 그들의 마음은 평상시에도 가장 높은 나루비칼파의 지복(至福)의 의식상태에 젖어 있다.

유계에 있는 온갖 영역의 주민들은 아직 정신적인 고뇌의 쇠사슬 아래 놓여 있다. 히라니야로카와 같은 상층부(上層部)에 살고 있는 민감한 주민들은 만일 그들이 진리를 깨달고 있는 상태나 행위에 무엇인가 잘못된 데가 있으면 몹시 고통을 받게 된다. 이들 진화된 거주민들은 그들의 온갖 행위와 사상(思想)을 완전히 영적 법칙(靈的法則)에 일치시키려고 애쓰고 있다.

유계 주민들 사이의 의사소통은 모두 유계적인 정신감응과 투시에 의하여 행해지고 있다. 이야기를 주고 받는 것과 글자에 의해 땅 위 사람들에게서 일어나기 쉬운 혼란이나 오해는 유계의 주민들 사이에 전혀 없다.

영화의 스크린 위에 나타나는 인물이 일련(一連)의 빛의 그림을 통해 움직이고 행동하고 있는 것처럼 보이면서도 사실은 숨을 쉬고 있지 않은 것과 같이 유계의 주민들도 잘 조정된 빛의 상(像)으로서 산소에 의존하는 일 없이 걷고 일하고 있다.

땅 위의 사람들은 그 생존을 고체·액체·기체 그 밖의 에너지에 의존하고 있지만, 유계의 주민들은 주로 우주광선(宇宙光線)에 의해 생명을 유지하고 있다."

"선생님, 유계의 주민들은 무슨 음식을 먹고 있습니까?"

"나는 정신과 심정(心情)과 혼이 지니고 있는 온갖 감수력을 동원하여 그의 놀라운 설명의 샘물을 마시고 있었다. 이 세상에서 경험하는 감각적인 경험이나 인상은 일시적인 것이고, 상대적인 진실성 밖에 없어 머지 않아 잊혀지는 것과는 달리, 진리에 대한 초의식적 지각(超意識的知覺)은 영원히 진실하고 불변한다. 선생님의 말씀은 나의 존재의 핵심에 깊이 새겨지고 말았다. 그런고로 마음을 초의식(超意識)상태로 옮길 때는 언제나 이 신성한 경험을 되살아 나게 할 수가 있는 것이다. 빛을 내는 광선과 같은 야채가 유계의 밭에서는 풍부하게 생산된다."

그는 대답했다.
"유계의 주민들은 이런 야채를 먹고 눈부신 빛의 샘물과 유질(幽質)의 시냇물에 흐르는 단 이슬을 마시고 있다. 땅 위의 사람들이 눈에 보이지 않는 상(像)을 에테르에서 만들어 내어 텔레비전 장치로 이것을 눈을 통해 볼 수 있는 모습으로 만들고 그것이 다시 공간속으로 사라져 버리듯이, 에테르 속에 떠돌고 있는 하나님이 창조하신 눈에 보이지 않는 야채나 식물의 청사진도 유계 주민의 의지에 의해 유계에 응집되는 것이다. 마찬가지 방법으로, 이들 사람들의 야성적(野性的)인 공상에서 향기 높은 꽃밭이 물질화 되어 뒤에 또다시 눈에 보이지 않는 에테르로 되돌아가 버리고 마는 것이다. 히라니야로카와 같은 천체(天體)의 주민들은 먹는다는 것의 필요에서 거의 해방되어 있으나, 보다 상층인 상념계(想念界)에서는 지복(至福)의 '마나' 외는 아무것도 먹지 않는 거의 완전히 해탈한 영혼이 존재하고 있다.
땅 위에서 해방된 유계의 주민들은 그들이 이 세상에 몇 번이고 거듭 태어나는 동안에 인연을 맺은 수많은 친척과 아버지·어머니·아내·남편·친구들이 유계의 여러 곳에 있음을 알게 된다. 그런고로 유계의 주민들은 누구를 특별히 사랑해야 하는지 판단하기가 어렵게 되기 마련이다.
그리하여 그들은 모든 사람들을 하나님의 자녀라고 생각하며, 하나님의 개성적인 표현으로서 평등하게 사랑하고 있는 것이다.
사랑하는 자의 겉모습은 그들이 앞서 세상에서 얻은 성질의 진화 때문에 다소 변화했다고는 해도, 유계의 주민들은 그들의 정확한 직관력을 가지고 전세(前世)에서 친했던 자를 선별하여 그들의 새로운 집에 받아들이는 것이다.

온갖 원자(原子)는 창조될 때 말살해 버리기 어려운 개성을 부여받는다. 그런고로 유계의 친구는 어떤 옷을 입고 있더라도 곧 알아보게 되는 것이다. 마치 배우가 아무리 분장을 해도 근처에서 보면 곧 알아 볼 수 있는 것과 같이 말이다.

유계 주민의 수명은 땅 위의 인간보다 훨씬 길다. 보통으로 진화된 유계 영혼의 평균 수명은 땅 위의 시간을 표준으로 할때, 5백년에서 1천년이다.

어떤 미국의 삼나무는 보통나무보다 수천년 더 오래 살고, 또 어떤 요기는 대개의 사람들이 60살이 되기 전에 죽는 것과는 달리 수백년씩 장수를 누릴 수 있는 것처럼, 유계인(幽界人) 중에는 다른 영혼보다 훨씬 오래 사는 자도 있다.

유계를 찾아온 방문자는 그들의 물질적인 카르마의 무거운 짐에 맞추어서 어떤 영혼은 오랜 기간, 또 어떤 영혼은 비교적 짧은 기간 동안 이곳에 머무른 다음 특정한 기간 안에 또다시 지상세계로 되돌아 가게 되는 것이다.

유계에서 살고 있는 영혼들은 그 빛으로 된 몸을 버릴 때 죽음의 고통을 맛볼 필요가 없다. 그러나 그들 가운데서도 많은 영혼들은 보다 정묘한 상념계(想念界)로 가기 위해 유체의 옷을 벗지 않으면 안될 것을 생각하고 다소 초조할때도 있다.

유계(幽界)에는 죽음도 병도 노령도 없다. 이들 세 가지의 공포는 지상에 대한 저주인 것이다. 왜냐하면, 땅 위에 사는 인간들은 자기라고 하는 것이 허약한 육체이므로 공기와 음식과 수면의 끊임없는 원소가 없다면 생존할 수 없다고 망각하고 있기 때문이다.

육체의 죽음에는 호흡의 정지와 육체세포(肉體細胞)의 붕

괴가 수반된다. 육체의 죽음은 육체의 생명을 구성하고 있는 에너지의 단위인 프라나의 소멸에 의해 초래된다.

육(肉)이 사멸(死滅)하면 사람은 육체의식을 잃게 되고, 유계에 다시 태어난 자기 자신의 희미한 유체(幽體)를 의식하게 된다. 그러나 이윽고 육체의 죽음을 경험하기에 이르면, 그는 유체로서의 탄생과 죽음의 의식에서 육체로서의 탄생과 죽음의 의식으로 옮겨 가게 되는 것이다.

육체와 유체와의 이 주기적인 순환은 온갖 생물의 피할 수 없는 운명이다. 천국과 지옥에 관한 성전(聖典)의 정의는 즐거운 유계와 끔찍스러운 현계(現界)에 대하여 사람들이 품고 있는 잠재의식보다도 깊은 곳에 자리잡고 있는 수많은 추억을 회생(回生)시키는 경우가 있다."

"그리운 선생님!"

하고 나는 물었다.

"땅위에로의 재생과 유계와 상념계로의 재생의 틀리는 점을 좀더 자세히 설명해 주시지 않으시겠습니까."

"개성화(個性化)된 영혼으로서의 인간은 본질적으로는 상념체(想念體)이다."

하고 선생님은 이야기를 계속하셨다.

"이 상념체는 근본적 내지 원인적(原因的) 의지력으로서 하나님께서 필요로 하신 35가지 이데아의 모태(母胎)인데, 하나님은 후에 이것으로서 19개의 원소로 이루어진 정묘한 유체와 19개의 원소로 이룩된 거치른 육체를 창조하신 것이다.

유체를 구성하는 19개의 원소는 정신적, 감정적 및 프라나적인 것이다. 이 19개의 구성물은 이성(理性)·자아(自我)·감정·정신(감각 의식)과 지식의 다섯 가지 수단——즉,

시(視)·청(聽)·후(嗅)·미(味)·촉각(觸覺)에 상당하는 것과 행동의 다섯 가지 수단——즉, 생식(生殖)·배설(排泄)·담화(談話)·보행(步行), 손으로 하는 일에 상당하는 것과 생명력의 다섯 가지 수단——즉, 육체의 결정(結晶)·동화(同化)·배제(排除)·신진대사(新陳代謝)·순환작용에 상당하는 힘 등으로 구성되어 있다.

19개의 원소(元素)로 이루어져 있는 이 정묘한 유체는 16개의 거치른 금속 및 비금속 원소로 이루어져 있는 육체가 죽은 뒤에도 계속 존재하는 것이다. 하느님께서는 당신 안에 여러 가지 이데아를 고안하여, 그것을 꿈으로 구체화 하셨다. 그리하여 우주몽(宇宙夢)이라고 하는 여신(女神)이 상대성이라고 하는 무한히 거대한 옷으로 몸을 두르고 나타나게 되었던 것이다.

상념체의 35가지 장식으로 몸을 굳히고, 하느님께서는 19개의 원소로서 이루어진 유계(幽界)와 그에 상당하는 16개의 원소로 이루어진 물질계의 온갖 복잡한 조직을 세밀하게 창조해 내신 것이다. 하느님께서는 진동력(振動力)을 최초에는 섬세하게, 다음에는 거칠게 농축시킴으로써 인간의 영혼과 육체를 만들어 내셨던 것이다. 상대성의 법칙에 의하면 이로 말미암아 본원적인 단일성은 놀랄만한 다양성으로 변한 것이지만——상념우주(想念宇宙)와 상념체(想念體)가 유질적(幽質的)인 우주와 유체와는 다른 존재인 것이다. 마찬가지로 물질적 우주와 육체도, 다른 창조양식과는 다른 그것만이 가진 독특한 점을 지니고 있는 것이다.

육체는 조물주의 고정되고 객관화 된 꿈으로 이루어져 있다. 이원성(二元性)은 '이승'의 법칙에 따르게 마련인 것이다.

질병과 건강, 고통과 쾌락, 손해와 이득(利得) 등, 인간은 3차원 물질 속에서 한계와 저항을 찾아낸다. 살려고 하는 인간의 욕망이 질병이나 그 밖의 원인에 의해 심하게 동요되면 죽음이 온다. 무거운 육체의 겉옷은 자주 벗겨지게 마련이다. 하지만 영혼은 유체와 상념체에 싸인 채 남게 된다. 이 3개의 몸을 결합시키고 있는 힘은 아욕(我慾)이다. 충족되지 못한 욕망의 힘이 온갖 인간이 지닌 노예성의 근원이다.

물질적인 욕망은 이기주의와 감각의 쾌락에 근거를 두고 있다. 감각 경험의 유혹은 영혼의 집념이나 상념체의 지각(知覺)과 관계된 욕망의 힘보다 훨씬 강력하다.

유계 주민의 욕망은 그 만족을 진동하는 방법을 중심으로 하여 쾌락을 즐길 수 있다. 그들은 천계(天界)의 영묘한 음악을 즐기고 만물을 쉴새없이 변화하는 빛의 무한한 표현을 바라보며 즐기고 있다.

유계의 주민도 빛을 맡아보고 맛보며 만져보고 한다. 그러므로 그들이 지닌 욕망의 충족도는 일체의 사물과 경험을 빛의 형식 내지는 응집된 사념(思念)이나 꿈으로서 얼마나 응결시킬 수 있느냐 하는 그들의 능력과 관계가 깊다.

상념계에 있어서의 욕망은 지각(知覺)에 의해서만 충족된다. 상념체로만 싸여 있는 거의 완전히 해탈된 영혼은 전우주(全宇宙)를 하느님의 이상(理想)의 실현으로 보고 있다. 그들은 오직 생각하는 것만으로도 어떠한 것이든 물질로 나타나게 할 수가 있다. 그런고로 상념계의 영혼이 지닌 섬세한 감수성에는 육체감각이나 유계인(幽界人)이 갖는 큰 기쁨이 거칠고 숨막히는 것으로 느껴지는 것이다. 그들은 그 욕망을 순식간에 구체화 시킬 수가 있다. 자기 자신이 상념체의 미묘한 베일에 싸여 있다는 사실을 알고 있는 자는 우주를 조물주와 같이 구상화(具象化)시킬 수가 있다. 일체의 피조물이 우주적인 꿈의 조직으로 만들어져 있는 이상, 상념체라고 하는 매우 엷은 옷을 걸치고 있는 영혼은 자신의 상념(想念)을 실현시키는 거대한 힘을 갖고 있는 셈이다.

그 성질상 눈에 뵈지 않는 영혼은 육체의 존재에 의해서만 영혼의 존재가 식별된다. 육체를 지니고 있다는 사실은 바로 다름이 아니라, 충족되지 못한 욕망이 있음을 말해주는 것이라고 할 수 있다.

인간의 영혼이 하나 혹은 둘, 또는 세 개의 그릇 속에 담겨져서 무지(無智)와 아욕(我慾)의 마개로 밀봉되어 있는 한, 그는 우주령(宇宙靈)의 대해(大海)와 하나가 될 수는 없다. 둔갑한 육체라고 하는 그릇이 죽음의 망치에 의해 파괴되어도, 유체와 상념체라고 하는 다른 두 개의 덮개가 남아 있기 때문에 영혼은 편재하는 생명에 가입할 수는 없는 것이다. 그러나 슬기에 의해 절대무욕(絶對無慾)의 경지에 도달하면 그 힘이 남아 있는 두 개의 그릇도 파괴되기 때문에, 인간의 영혼은 마침내 완전히 해탈하기에 이르는 것이다. 왜냐하면, 영혼은 헤아리기 어려운 광대한 것과 하나가 되기 때문이다."

나는 신비롭고 높은 상념계에 대해서 좀더 말씀해 달라고 스승에게 간청했다.

"상념계란 말로는 표현할 수 없을 만큼 현묘(玄妙)한 세계이다."

하고 그는 말했다.

"이것을 이해하려면, 두 눈을 감았을 때, 유질적(幽質的) 우주와 물질적 우주가 고체(固體)인 광주리를 가진 빛나는 기구(氣球)로서 상념의 거대한 공간 속에 떠 있다는 것을 상

상할 수 있을 만큼 거대한 집중력을 갖고 있지 않으면 안된
다. 만일 이런 초인적인 집중력에 의해 이 복잡하기 이를데
없는 두 개의 우주를 순수한 상념으로 환원시키는 데 성공한
다면 그는 상념계에 도달하여, 물질과 정신과의 융합점에 서
게 되리라. 그곳에 이르면 사람은 모든 피조물을 —— 고체·
액체·기체·에너지, 일체의 생물, 신·인간·동물·식물·
박테리아 등을 —— 의식의 형태로서 지각하게 된다. 마치 사
람이 두 눈을 감고 자기의 육체가 육안에는 보이지 않으나
오직 상념(想念)으로서만 존재할 때에도 자기는 존재한다고
인식하는 것과 같이 말이다.

인간이 공상 속에서 하는 일을 상념계의 인간은 현실적으
로 행할 수 있다. 왕성한 상상력을 가진 인간은 하나의 극단
적(極端的) 사상에서 다른 극단 사상으로 생각을 비약시킬
수도 있고 하나의 유성(遊星)에서 다른 유성으로 뛰거나, 영
원한 지옥 속으로 끝없이 굴러 떨어지거나, 반짝이는 별 하
늘 속을 로켓과 같이 비행하거나 은하(銀河)와 성공간(星空
間)위에 탐조등과 같이 빛을 비출 수도 있는 것이다. 그러나
상념계의 영혼은 보다 커다란 자유를 갖고 있으므로 어떤 물
질적 또는 유질적인 장애나 업보(業報)의 제약을 받지않고
쉽사리 그들의 사상을 순간적으로 객관화 시킬 수가 있는 것
이다.

상념계의 영혼과 물질적인 우주는 본질적으로는 엘렉트론
(電子)으로 이루어져 있는것이 아니라는 것, 또한 유질적인
우주도 근본적으로는 프라나(宇宙生命素)로 조직되어 있는
것이 아니며, 양자(兩者)는 사실상 다같이 하느님 사상의 미
세한 분자(分子)로 이루어져 있으며, 그것이 피조물과 조물
주를 분리시키기 위하여 개재(介在)하는 상대성의 법칙, 즉

'마야'에 의해 절단 분리된 것임을 인식하고 있는 것이다. 상념계의 영혼은 자기가 기쁨에 넘쳐 있는 우주령(宇宙靈)의 개성화된 일부란 것을 서로 서로 인식하고 있다. 그들이 생각하는 것은 바로 그들을 둘러 싸고 있는 유일한 사물(事物)인 것이다.

그들은 자기의 몸과 사상이 서로 다른 점은 단지 관념에 지나지 않음을 알고 있다. 사람이 두 눈을 감아도 눈부신 백광(白光)이나, 엷고 푸른 아지랭이를 눈 속에 그릴 수 있듯이 상념계의 영혼은 뜻하는 것만으로 보고, 느끼고, 맛보고, 만질 수가 있는 것이며, 그들은 우주정신의 힘에 의해 어떠한 것도 창조하거나 분해할 수가 있는 것이다.

상념계에서는 죽음도 재생도 모두 관념 속에 있다. 상념계의 영혼은 영원히 새로운 지식이라는 하느님이 주시는 식량만을 먹고 살고 있다. 그들은 평화라는 샘에서 마시고 궤도도 없는 지각의 흙 위를 걸으며 끝없는 지복(至福)의 바다를 헤엄치고 있다. 보려므나!

그들의 찬란한 상념체는 영(靈)에 의해 창조된 수많은 유성(遊星)과 우주의 신선한 포말(泡沫)과 예지의 별과 스펙터클과 같은 황금빛의 성무(星霧) 속을 급속도로 상승하여 무한한 하늘의 품 속으로 들어간다.

상념계의 영혼은 대체로 상념우주(想念宇宙)에 수천년 동안이나 머문다. 그렇게 되면 해탈된 영혼은 보다 깊은 황홀경의 작은 상념체에서 벗어나 상념 우주의 광대한 옷을 몸에 걸치는 것이다. 온갖 너덜 너덜한 관념의 소용돌이와 힘·사랑·의지·기쁨·평화·직관·냉정·극기(克己)·정신집중 따위의 파동이 영원한 기쁨인 지복의 바다로 녹아 들어간다.

제3장 3층으로 된 천국

영혼은 이제 자기의 기쁨이 개성화된 의식의 파동으로서 경험할 필요가 없어지고 그것은 영원한 웃음이며 전율(戰慄)이고 고동(鼓動)인 온갖 파동을 지닌 하나의 큰 우주 대양에 삼켜지고 마는 것이다.

영혼이 3체(體)의 꼬치에서 빠져 나가면 그것은 영원히 상대성의 법칙에서 해방되고 말의 세계를 초월한 영겁(永劫)으로 화하고 마는 것이다. 우주령(宇宙靈) 속으로 해방된 영혼은 우주를 창조한 신의 꿈 속에서 황홀한 기쁨에 취하면서, 빛이 없는 빛의 나라, 사상(思想)이 없는 사상의 나라에만 머물게 되는 것이다."

"자유로운 영혼이라구요!"

나는 두렵고 황공한 생각으로 크게 소리를 지르고 말았다.

선생님은 말씀을 계속하셨다.

"영혼이 마침내 3단계의 방황하는 그릇에서 벗어나게 되면, 그것은 개성을 지닌 채, 무한한 사람과 하나가 되는 것이다. 그리스도는 이 최후로 얻은 자유를 예수로서 태어나기 이전에 이미 터득한 것이다. 그는 죽음에서 부활하기까지의 사흘 동안에 상징된 그의 지상 생활의 3단계 속에 완전히 우주령으로 상승하는 힘을 획득한 것이다.

영적으로 진화하지 않는 인간은 이 세 가지 육체에서 벗어나기 위하여, 현계(現界)·유계(幽界)·상념계(想念界)에서의 재생을 한없이 되풀이 하지 않으면 안된다. 하지만 이 마지막 해탈을 끝낸 성인(聖人)은 예언자로서 다른 인류를 신의 곁에 이끌어 주기 위하여 이 세상에 다시 돌아올 수도, 또한 나처럼 유계에 머물러 있는 일도, 모두 자유인 것이다.

여기서 구주(救主)는 유계에 사는 사람의 카르마의 무거운 짐 일부를 짊어지고 그들이 유계에서 재생하는 주기(週

期)를 마치고 상념계로 상승할 수 있도록 조력(助力)하는 것이다. 또한 해탈된 영혼은 상념계로 들어가 그곳의 주민들에게 그들이 상념체에서 사는 생존기간을 하루라도 빨리 끝내게 하고 절대 자유를 얻을 수 있도록 그들에게 힘을 빌려 주는 일에 종사할 수도 있는 것이다."

"부활하신 선생님, 저는 영혼을 3계(界)에 묶어 두는 카르마에 대해 좀 더 알고 싶습니다만……."

나는 이 전지전능하신 스승의 말을 영원히 듣고 있으면 얼마나 좋을까 하고 생각했다.

선생님이 살아계신 동안 나는 그의 예지를 한꺼번에 이렇게 많이 소화시킨 일은 없었다. 나는 지금 이 세상에 태어나서 비로소 삶과 죽음의 장기판 위에 있는 수수께끼와 같은 공간에 대하여 명확한 구체적인 인식을 갖게 된 것이었다.

"사람이 영원히 유계에 머무를 수 있게 하기 위해서는 자기의 육체적인 카르마나 욕망을 완전히 속죄하지 않으면 안 된다."

선생님은 폐부에 스며드는 듯한 목소리로 설명을 계속하였다.

"유계에는 두 종류의 주민이 살고 있다. 아직 처리할 수 없는 지상의 카르마를 지니고 그 카르마의 부채를 갚기 위해 다시 허술한 육체의 형태를 취하지 않으면 안되는 영혼, 일시적인 방문자로서 유계의 영주자(永住者)와 구별된다. 아직 속죄하지 않으면 안 되는 따위의 카르마를 지닌 영혼은 육체의 옷을 벗은 뒤에도 보다 높은 상념계(想念界)로 올라가는 것이 허용되지 않으며, 16가지의 거친 원소(元素)로 이루어진 육체와 19가지의 보다 미묘한 원소로 된 유체에 번갈아 영혼을 감싸며 현계(現界)와 유계 사이를 왕복하지 않으면 안된다. 하지만 영적으로 진화되지 않은 영혼은 몇번씩 육체의 옷을 벗어도 죽음의 잠이라는 혼수 상태에 빠지고, 아름다운 유계에 있다는 것을 거의 의식하지 못한다. 이와 같은 사람은 유계에서 잠시 휴식한 뒤, 다시 수업(修業)을 쌓기 위하여 물질계로 돌아오고 이 여행을 되풀이 하는 것으로 차츰 정묘한 유계조직(幽界組織)에 자기를 순응시켜 가는 것이다.

이에 반(反)하여, 유계에서 영원히 사는 사람은 온갖 물질적인 욕망에서 완전히 해방되었으므로 지상의 세계로 돌아갈 필요가 없는 사람들이다. 이와 같은 영혼은 유체와 상념체의 카르마만을 속죄하면 되는 것이다. 그들은 유계에서 죽으면 보다 더 미묘한 상념계로 올라가는 것이다. 우주의 법칙에 따라 정해진 어느 기간이 지나서 상념체라는 관념의 옷을 벗으면 이들 진화된 영혼은 아직 속죄하지 못한 자기의 유체의 카르마를 속죄하기 위해 새로운 육체 속으로 다시 태어나서 히라니야로카나, 높은 유계인 유성으로 돌아가는 것이다."

"내 아들아! 이것으로 너는 내가 신(神)의 명령으로 부활한 것을 전보다도 더 잘 이해할 수 있을 것이다."

스리·유크데스는 말을 계속했다.

"나는 지상에서 올라간 영혼보다도 오히려 상념계에서 다시 유계로 돌아온 영혼을 구하기 위해 부활한 것이다. 지상에서 왔으나 만약 물질적 카르마의 찌꺼기를 아직 지니고 있다면 히라니야로카와 같은 매우 높은 유계로 올라갈 수는 없다.

지상의 대부분 사람들은 생전에 유계생활의 보다 높은 기쁨이나 좋은 것을 상상도 하지 못하고 죽음을 두려워하여 한

정된 완전성, 지상의 쾌락 생활에 오래 머물겠다고 원하는 것처럼 유계의 영혼도, 그들의 유체가 차츰 붕괴되어 가는데도 불구하고 상념계의 높은 영적인 기쁨을 상상도 못하고 매우 화려한 유계의 행복에 집착해 유계의 극락으로 다시 태어나겠다고 원하고 있는 사람이 많이 있다. 이와 같은 유계의 주민들은, 유체의 카르마가 만든 무거운 짐을 속죄하지 않으면 상념계에 영원히 머무를 수 없다.

　영혼이 이미 즐거운 유계를 눈으로 경험하려고 하지 않고, 결코 그곳으로 돌아가겠다는 유혹에 빠지지 않게 되었을 때만, 그는 상념계에 머물러 있을 수가 있는 것이다. 그곳에서 일체의 상념체 카르마──다시 말해서, 과거에 있었던 욕심의 씨앗을 속죄하는 일을 끝냈을 때 영혼은 무지(無智)의 3개 코르크 중에서 마지막 것을 밀어 젖히고 상념체라는 마지막 그릇에서 벗어나 영겁(永劫)과 하나가 되는 것이다. 알아들었느냐?"

　선생님은 극히 매력적인 미소를 띠고 있었다.
　"네! 뭐라고 기쁨과 감사를 드릴 말씀이 없습니다."
　나는 여지껏 시가(詩歌)나 이야기에서도 이와 같이 영감(靈感)에 가득 찬 지식을 얻은 적이 없었다.
　인도의 성전(聖典)은 상념계라든가, 유계와 인간이 갖고 있는 세 겹의 몸에 대해서 언급하고는 있지만 이들 책에 쓰여진 말은 나의 스승님의 육체적인 부활이라고도 하는 틀림없는 사실에 비한다면 얼마나 인연이 멀고 허무한 것으로 느껴졌는지 모를 지경이었다.
　스승님에게 있어서는 어떠한 나그네도 그곳에서 돌아온 일이 없는 미지(未知)의 나라 같은 것이 존재하지 않는 것이었다.

"사람의 세 가지 몸이 서로 연관을 갖고 있다는 증거는 사람이 지닌 3중성(三重性)에 의해 여러 방면에서 나타나고 있다."
라고 선생님은 이야기를 계속하셨다.
"깨어 있을 때 사람은 자신이 지니고 있는 3중성을 크거나 작거나 간에 의식하고 있다. 그가 미각(味覺)·후각(嗅覺)·촉각·청각·시각(視覺) 등의 감각에 열중하고 있을 때 그는 주로 그 육체를 통해 일하고 있다. 상상하거나 의지를 발동하거나 할 경우에는 주로 유체(幽體)를 통해 활동하고 있다. 그의 상념체(想念體)는 사색이나 내관(內觀)이나 명상에 깊이 빠져 있을 때에 활동하고 있다. 천재의 보편적인 사상은 자기의 상념체와 항상 연락하고 있는 자에게 깃드는 것이다. 이런 뜻에서 개인은 관능적 인간, 활동적 인간 및 이성적(理性的) 인간으로 크게 나누어질 수 있으리라.
인간은 하루 가운데 열 여섯 시간은 자기 자신을 육체적인 존재라고 생각하고 있다. 그리고 잠이 든다. 꿈을 꿀 때, 의식은 유체에 머물러 있으므로 유계인(幽界人)과 마찬가지로 무엇이건 쉽게 창조할 수가 있다. 만일 잠이 깊이 들어서도 꿈을 꾸지 않는다면 그는 그의 의식, 즉 자아의식(自我意識)을 상념계(想念界)에 옮길 수가 있다. 이와 같은 잠에는 심신의 피곤을 회복시켜 주는 힘이 있다. 꿈을 꾸고 있는 동안, 사람은 상념체가 아니라 유체와 연락을 하고 있다. 그런고로 이런 경우의 잠에는 몸과 마음을 상쾌하게 해주는 힘이 없는 것이다."
나는 선생님이 이 훌륭한 설명을 해주시는 동안 황홀한 표정으로 그를 바라다 보고 있었다.
"천사와 같은 선생님! 선생님의 몸은 제가 눈물과 함께 프리의 정원에 묻어드렸을 때와 똑같습니다."

하고 나는 말했다.

"그렇다. 나의 새로운 몸은 낡은 육체와 아주 똑같다. 나는 땅 위에 있었을 때보다도 좀더 빈번하게 자유자재로 이 몸을 창조하기도 하고 해체(解體)도 하고 있다. 급속히 해체하는 데 나는 빛처럼 눈 깜짝할 사이에 하나의 유성에서 다른 유성으로, 또는 유계로부터 상념계나 물질계로 여행할 수가 있는 것이다."

선생님은 빙그레 웃으셨다.

"너는 요즘 꽤 분주히 돌아다니고 있는 모양이다만 나는 너를 쉽게 찾을 수 있다."

"선생님, 저는 선생님이 돌아가셔서 몹시 슬퍼하고 있었습니다."

"내가 도대체 어째서 죽었다는거냐? 그건 당치도 않은 말이다!"

스리・유크데스는 유쾌한 듯이 정다운 눈초리로 나를 바라다보았다.

"너는 땅 위에서 꿈을 꾸고 있는데 지나지 않는게야. 지상에서 너는 나의 꿈의 몸을 보고 있었던 게야."

그는 다시 이야기를 계속했다.

"그리고 너는 그 꿈의 상(像)을 매장한 것이다. 그러나 지금 나의 정묘한 몸은 네가 지금 보고 있고 또 굳게 껴안고 있지 않느냐──또 다른 정묘한 하나님의 꿈의 나라에 나는 부활한 것이란다. 언젠가는 이 정묘한 꿈의 몸도, 꿈의 나라도 지나가 버릴게다. 그들이라고 또한 영원한 것은 아니니까. 온갖 꿈의 거품을 최후로 개안(開眼)하는 순간에는 결국 깨어 지지 않으면 안되는 게야. 나의 아들 요가난다여, 꿈과 현실을 구별해야 한다."
 이 베다의 부활 사상은 나를 소스라치게 놀라게 했다. 나는 프리에서 선생님의 시체를 보았을 때 슬퍼한 것을 부끄럽게 생각했다. 나는 선생님이 당신 자신의 생활도, 땅 위의 죽음도, 현재의 부활도, 우주몽(宇宙夢) 속의 상대현상 외에 아무것도 아님을 알고 항상 하나님 속에 눈뜨고 있었다는 것을 마침내 이해하였다.
 "요가난다! 나는 지금 너에게 나의 생(生)과 죽음과 부활이 진실임을 이야기했다. 이제는 나 때문에 슬퍼하지 말고 내가 사람이 살고 있는 하느님이 만드신 꿈의 환상인 '이승'에서, 유체(幽體)에 싸인 영혼들이 살고 있는 하느님이 만드신 상념(想念)의 나라에 부활했다는 사실을 사람들에게 전해다오. 그렇게 하면, 죽음의 공포에 떨고 있는 비참한 몽상자(夢想者)의 마음에 새로운 희망을 갖게 할 것이니라."
 "네, 선생님!"
 나는 부활한 스승과 만난 기쁨을 모든 사람들과 얼마나 나누고 싶어 했는지를 헤아리기 조차 어려울 지경이었다.
 "이 땅 위에서 내가 바란 목표는 너무나도 높았기 때문에 대부분의 사람들은 나를 받아들이지 않았었다. 나는 때때로 필요 이상으로 너를 야단쳤다. 하지만 너는 내가 준 시련을 잘 견디어 냈다. 나의 온갖 질책은 너에 대한 나의 사랑으로 구름을 통해 빛나고 있었기 때문이다."
 그는 정답게 이야기를 계속했다.
 "내가 오늘 너를 찾아온 것은 이제부터 다시는 너를 꾸중하지 않겠다는 것을 전하기 위함이기도 하다. 두번 다시 나는 엄숙한 표정으로 너를 책망하지는 않을거다."
 나는 이 위대한 스승으로부터 더 이상 꾸중을 받지 않게 된 것을 얼마나 쓸쓸하게 느꼈던지 모른다. 그의 질책의 하나 하나는 바로 나를 지켜 주는 수호 천사였다.
 "그리운 선생님! 몇만번이라도 충고를 해 주십시오. 제발 저를 야단쳐 주십시오!"
 "나는 더 이상 야단치지 않겠다."
 그의 장중(莊重)한 목소리에서는 굳은 결의가 깃들어 있었다. 하지만 그 속에는 동시에 밝은 웃음도 함께 있었다.
 "우리들 두 사람의 몸이 하나님이 만드신 마야의 꿈 속에서 틀리게 보이는 한, 너와 나는 함께 웃도록 하자꾸나. 우리 둘은 마침내는 사랑하는 분, 하느님 속에서 다시 만나게 될 게다. 우리들의 미소를 하느님의 미소로 삼고, 영원에서 영원으로 울려 퍼지는 우리들의 기쁨의 합창을 하느님과 하나가 된 영혼들에게 전하자꾸나!"
 스리·유크데스는 또한 이 밖의 문제에 대해서도 여러 가지로 해명해 주었다. 그러나 그것은 여기서 공표하는 것을 보류하지 않으면 안된다. 그는 봄베이의 호텔 방에서 나와 함께 두 시간 동안 있는 동안 나의 온갖 질문에 대해서 대답해 주셨다. 이날 즉, 1936년 6월의 어느 날에 선생님이 말씀하신 세계에 대한 예언은 대개가 실현되고 있다.
 "사랑하는 아들이여, 그럼 이제 헤어지도록 하자."
 이 말씀과 함께 나는 얼싸안고 있었던 두 팔 안에서 선생님의 몸이 녹아서 없어져 감을 느꼈다.
 "나의 아들이여!"
 그의 목소리가 내 영혼의 천공(天空)에서 울려 왔다.
 "네가 나르비칼파·사마지 상태에서 나를 부를 때는 언제나 오늘과 같이 피가 통하는 육체를 갖고 너의 앞에 나타나겠노라."

이 천상(天上)의 약속과 함께 스리·유크데스는 완전히 나의 눈 앞에서 사라져 갔다. 구름위에서 율동적인 우뢰 소리와 같은 것이 들려 왔다.

"여러 사람들에게 전하도록 해라! 나르비칼파의 깨달음을 얻고 지상생활은 하느님이 만들어 놓으신 꿈임을 이해한 자는 꿈으로서 이루어진 보다 정묘한 히라니야로카의 나라에 올 수 있다. 그리고 그곳에서 땅 위에서와 완전히 똑같은 모습으로 부활해 있는 나를 볼 수 있으리라. 요가난다! 이 사실을 여러 사람들에게 전하도록 하라!"

사별(死別)의 슬픔은 사라져 버렸다. 오랫동안 내 마음의 평화를 앗아갔던 그의 죽음에 대한 슬픔과 한탄은 그의 부활에 의해 자취도 없이 사라져 버렸다. 하느님의 베푸심이 새로 열린 나의 수많은 영혼의 털구멍으로부터 샘물처럼 솟아 나왔다. 오랫동안 쓰지 않았기 때문에 막혀 있었던 이들 털구멍은 밀어 닥치는 황홀감의 홍수로 맑아져 지금은 깨끗하게 그 입을 연 것이었다.

나는 지금까지의 재생(再生)의 갖가지 장면이 영화의 화면을 보듯이 연속적으로 내 마음의 눈 앞에 나타나는 것을 보았던 것이었다. 지난날의 선과 악의 카르마는 선생님의 거룩하신 방문에 의해 내 주위에 던져진 우주광(宇宙光) 속에서 사라져 버리고만 것이다.

나는 선생님의 명령에 따라 본장(本章)에서 그 기쁨의 복음(福音)을 이야기하였다. 이와 같은 일에 관심이 없는 현대인에게는 사뭇 난처하게 느껴지리라고 생각하면서 말이다. 인간은 항복할 줄을 알고 있다. 절망은 인간에게 있어 결코 인연이 없는 존재는 아니다. 그러나 절망이란 사악(邪惡)인 것이며 결코 인간의 진짜 운명은 아니라고 생각한다.

그가 결심하는 날, 그날이야 말로 그가 자유의 길에 서는 날이다. 너무나도 오랜 세월에 걸쳐서 인간은 자기 자신이 지니고 있는 불멸의 영혼을 모르고 있었고 '그대는 먼지이다' 라는 음침한 염세관(厭世觀)에 귀를 기울여 온 것이 사실이다.

부활한 스리·유크데스를 만날 수 있는 특권을 가졌던 것은 나만이 아니었다.

스리·유크데스의 제자 중의 한 사람인 애칭이 '마마'라는 노부인이 있었다. 그녀의 집은 선생님이 사시던 프리의 승원(僧院) 바로 옆에 있었으므로 선생님은 아침 산책길 도중에 자주 들러서 이야기를 하시곤 했다. 1937년 3월 16일 저녁, 마마는 승원(僧院)으로 찾아와서 선생님이 계시지 않느냐고 물었다.

"무슨 말씀을 하시는 겁니까. 선생님은 일주일 전에 돌아가셨습니다."

승원의 새로운 관리인인 스와미·세바난다가 슬픈 표정으로 그녀를 보면서 말했다.

"그럴리가 있나요!"

그녀는 빙그레 미소를 띠면서 말했다.

"성가신 손님을 거절하는 구실로 그런 말씀을 하시는 게 아닙니까?"

"원 당치도 않는 말씀이요."

세바난다는 장례식에 대한 이야기를 자세히 말했다.

"그럼 앞 뜰에 있는 선생님의 무덤으로 안내를 해드리지요."

마마는 머리를 저었다.

"무덤이 있을 까닭이 없습니다. 오늘 아침 10 시에 선생님은 여느 때와 같이 산책나가신 길에 저희 집에 들르셨으니까요. 저는 햇볕이 잘 드는 입구에서 선생님과 한동안 이야기를 주고 받은 걸요."
"오늘 밤에 승원에 와요."
라고 선생님은 말씀하셨습니다.
"그래서 찾아온 것이니까요. 오늘 아침에 선생님이 저를 찾아주신 것은 선생님이 어떤 초현실적인 모습이라도 자유자재로 취할 수 있으시다는 것을 저에게 이해시키려고 하신 것이로군요."
소스라치게 놀란 세바난다는 그녀 앞에 무릎을 꿇었다.
"마마님!"
하고 그는 말했다.
"당신께서는 저에게서 큰 슬픔의 짐을 덜어 주셨습니다. 선생님은 승천하신 거로군요."

제 4 장
영계로 부터의 송신

1. 죽은 자의 소망

 내가 조사해 온 수 많은 자료를 통해 죽은 자와 살아 있는 사람 사이에서 이루어지는 교신에는 어떤 일정한 범주가 있다는 것을 믿게 되었다.
 나의 연구는 입수할 수 있는 한 확증이 많은 실례의 조사로 부터 시작됐는데, 다른 연구가들이 수집한 실례는 일체 무시하고 내가 직접 수집한 데이터에 근거하여 연구를 발전시켰다.
 그러니까 이제부터 내가 이야기하려는 실례는 조금도 쓸데 없는 것들이 아니고, 잘못된 인상을 주기 쉬운 낡은 예들이 아니며, 죽은 자와 산자 사이에서 이루어진 정말 새로운 실례만을 들었음을 강조하는 바이다.
 그러나 이 이야기들은 이미 세상에 발표된 다른 이야기들과 비슷한 데가 많으며, 그것은 또한 당연한 일이라고 할 수 있다.
 낡은 실례를 지배하고 있는 법칙은 내가 조사해 놓은 실례에서도 분명히 작용되지 않으면 안되는 일이기 때문이다.
 또 하나 새로운 것은 이들 여러 체험에 있어서의 동기에 대한 나의 해석이다.
 우선 처음에 이야기해야 할 일은 인간이 어떤 체험을 했고 시각·청각·후각 등을 통하여 무엇을 받아들이고 있는가를 객관적으로 증명하거나 반증을 들 수는 없다는 사실이다.

나 자신이 이상체험(異常體驗)의 장본인이 아닌 이상, 나는 그들(장본인)이 이야기한 사실을 믿는 수 밖에 없다는 뜻이다.

이상체험을 가진 사람의 성격과 정신적 육체적인 건강 상태, 일반적인 품행, 과거의 이력, 거짓말인가 아닌가의 여부, 체험자 자신의 자세한 진술과 그 사람을 알지 못하며 그 사람도 알고 있지 않은 다른 많은 목격자가 이야기하고 있는 사실과의 비교, 이상과 같은 여러가지 사항의 조사에 의한 뒷받침이 꼭 필요하다.

각각 다른 시간과 다른 곳에 있는 많은 증인의 증언을 진실이라고 인정하려고 할 때, 만일 이 증인들이 서로의 증언에 의해 아무런 영향도 받지 않는 입장에 있다면 과학적으로도 인정받을 수 있다고 생각한다.

단순한 환각(幻覺)이나, 자기가 실제로 체험했다고만 믿고 있는 상상 속의 사건이라면, 죽은 자와 산 사람 사이에서 일어난 많은 실례를 모두 설명해 낼 수가 없다고 생각한다.

온갖 종류의 환경에 놓여진 몇만명이라고 하는 사람들이 저마다 다른 조건과 심령경험(心靈經驗)에서 나타나는 공통점 없이 죽은 혈족(血族)과 환각적으로만 접촉한다고 가정하는 것은 지나친 억지일 뿐이다.

특수한 ESP체험이 이들 사람들에게 실제로 일어난다고 가정하는 편이 비록 그것이 그 당시의 기성과학 이론에는 어긋난다고 해도 훨씬 논리적일 수 있을 것이다.

한마디 첨부한다면, 오늘날 인정받고 있는 많은 현상들이 한때는 과학 분야에서 부정되어 왔었다는 사실을 잊어서는 안되는 것이다.

　텔레비전·라디오·비행기·사진 그 밖의 많은 발명이 모두 그러했다. 과학은 지금 지식의 첨단지점에 서 있으며 앞으로 눈부신 발전이 있다고는 해도 그 차이는 크지 않을 것이라는 이야기는 진실이 아니다. 정점에 이르려면 아직도 까마득한 것이 사실이기 때문이다.

　내가 갖고 있는 정의에 의하면, 과학이란 주어진 과제에 대해서 사람이 할 수 있는 연구의 단순한 방법에 불과한 것이다. 그것은 어떤 새로운 발견이 그에 앞선 옛날의 발견 대신 자리를 차지할 때는 언제나 견해와 결론을 바꾸지 않으면 안된다는 조건이 포함되어 있다는 뜻이기도 하다.

　과학이란 그러기에 유연성이 풍부하고 개방적인 것이어야 하며 쉴새없이 앞으로 나가는 추진력을 가져야 된다.

　새로운 생각을 가진 사람을 환영하고 그 새로운 생각을 검토해야만 하는 것이다. 그러나 대부분의 경우 그렇지 못한 것이 현실이다. 여기에 인간이 지닌 기묘한 모순이 있지 않나 한다. 인간이란 자꾸만 알고 싶어하는 버릇이 있으면서도 동시에 그때까지 간직해 온 신념을 뒤집어 엎는 지식을 두려워 하는 것이다.

　나는 이승과 저승 2개의 세계를 연결시키는 교신(交信)을 이룩하는 어떤 법칙이 있다고 생각하며 자연현상의 일부라고 생각하기에 충분한 근거를 제공한 바 있다.

　우선, 살아 있는 사람에게로 '저승'에서 아직 생명은 계속되고 있다는 사실을 알려주려는 소망이 동기가 되어 죽은 자(영혼)가 보내오는 통신이 있다. 이것은 모든 이러한 교신에 있어서의 일반적인 역외송신요인(域外送信要因)의 하나라고 생각된다.

왜냐하면 우리들의 습관적인 생각에서 볼 때, 육체가 죽은 뒤에 생존이란 거의 있을 수 없다는 신념이 있기때문이다.
 사실상, 종교는 우리들이 지금 당장이거나, 아니면 나팔소리가 울려퍼지는 일정한 시기에 가게되는 내세(來世)가 있음을 약속하고 있다.
 그러나 종교는 저 세상이 어떻게 존재하고 있으며 저승으로 가는 방법이라든가, 옮겨가게 되는 개념을 자세하게 가르쳐 주고 있지 않은 것도 또한 사실이다.
 그보다는 오히려 선인(善人)은 구원을 받아서 천국으로 가고 악인(惡人)은 지옥으로 추방된다는 경건하면서도 따분한 설교와 막연한 약속으로 얼버무리고 있는 것이다.
 상등석(上等席)은 구도(求道)하는 위대한 영혼들에게 점령당하고 하등석(下等席)은 싸구려 터키탕과 비슷한 새빨간 물 속에서 와글와글 떠들며 잠겨 있는 그런 식인 것이다.
 종교는 주로 다음 번 세상이 존재한다는 틀림없는 증거를 종말(終末)에 이르는 수단으로써 이용해 온 것이라고 할 수 있다.
 바람직한 천국과 무시무시한 지옥이 신자들을 붙잡아 두는 구실을 해온 것이라고 할 수 있다.
 그런데 불행하게도 대부분의 사람들은 이제는 더 이상 이런 것들을 믿지 못하는 것이다. 종교적인 지향심(志向心)을 지닌 수효로 보아서도 점점 감소되고 있는 얼마 안되는 사람들만이 표면적으로 이 내세설(來世說)을 인정하고 있을 뿐이다.
 내가 질문한 대다수의 사람들도 내세(來世)가 있는가 라는 질문에 대해서는 전혀 대답을 할 수 없었거나, 아니면 그런것이 존재한다는 것을 솔직하게 부인했으리라고 생각된다.
 만일 그들이 어떤 종교를 믿고 있다면 그것은 도덕관·사회관 때문이며, 심지어는 경제적인 압박때문에 하나의 단체에 속하는 경우 조차도 적지 않다.
 그러나 한편으로는 보수적인 종교, 다른 한편으로는 극단적으로 자유스러운 종교가 다 같이 인간 그 자체에 관한 진리를 영원히 찾고 있는 사람들을 만족시켜 주는데 실패하고 있는 것도 사실이다.
 만일 실제로 인간에게 영원불멸의 영혼이 주어져 있다고 해도, 그렇다는 사실을 목사나 승려, 유태교의 교사인 랍비로부터 가르침을 받는 일은 없으리라고 생각된다.
 그러나 인간이 심령 추구를 통해 진리의 일부분을 들여다 볼 수 있을지도 모른다는 사실이 확인되려면 그것을 인정하든가 부인하든가 어느 쪽이든 한쪽을 선택하지 않으면 안될 것이다. 어느 편에서나 사실 자체를 변경시킬 수는 없는 일이다.
 예를들어 누군가가 사람을 총으로 쏘았다고 하자.
 그는 이러니 저러니 하고 그런 범죄를 저지른 이유를 설명하려고 할지도 모른다. 경찰은 경찰대로 설명을 할 것이다. 변호사도 그 나름대로 범인의 어머니는 자기 나름대로의 해석을 내릴 것이리라. 그러나 그들 가운데 그 누구도 그가 사람을 총으로 쏘았다는 기본적인 사실만은 변경시킬 수가 없다. 생각컨대 내가 여기에 자료로써 제공하는 것도 바로 이같은 것이라고 할 수 있다.
 기록될 만한 가치있는 여러가지 사실들이 적혀 있는 것이다. 그 기록들에서 끄집어 낸 결론은 나 자신의 견해이다. 당연히 내가 내린 결론은 여러 가지 뜻에서 독자들의 마음을 자극하리라고 생각한다. 또 그래야만 된다고 본다.

제공된 사실에 근거한 굳은 신념에 의해 저마다의 생명철학(生命哲學)에 도달하는 것이 마땅한 일이지만 그것은 어디까지나 자발적인 것이어야만 한다는 것이 나의 생각이다.

나는 과학적으로 확립된 내세관(來世觀)을 전하는 사도(使徒)로서 설교하거나 행동할 생각은 없다. 그러나 여러 가지 증거들은 내세가 있음을 증명하고 있다고 생각하는 것만은 확실하다.

대부분의 사람들이 죽음은 인생의 종말이 아니다 라는 사실을 모르고 있고 또 확신하지 못하고 있는 것이다.

내가 확신하고 있다고 생각하는 사람들은 그것을 충격으로서 받아들이는 사람들보다도 빨리 생명의 이행(移行)을 깨닫게 되리라고 생각한다. 사람이 죽는다는 사실이 충격을 주지 않지만 사람이 죽은 뒤에도 살아 있다는 사실은 하나의 충격이 아닐 수 없다.

여기에서 생기는 혼란이, 때로는 유령(幽靈)이라는 현상을 만들기도 한다.

죽은 사람이 가족이나 친구들에게 죽음은 최후가 아니며, 실제로는 다른 차원(次元)에 있어서의 삶이라는 것을 알리고 싶어하는 근원적인 두 가지 이유가 있다.

첫째의 이유는 '죽은 사람'이 된 뒤에도 계속되고 있는 자아의식(自我意識)이다. 이것은 죽은 사람 자신을 위한 것이다.

두번째는, 죽은 뒤에도 삶이 존재한다는 것을 타인에게 알리고 싶다는 의지(意志)인데, 이것은 타인을 위해서이다. 지금 살아 있는 사람들도 언젠가는 반드시 죽게 된다.

어째서 그들에게 자기가 겪은 체험을 알려 주어 혜택을 주지 않는가. 진실에 대하여 무지(無知)한 사람들——열 사람 가운데 아홉 사람은 그렇다고 보아야 된다——을 구해 주지 않는가?

이 세상에서 가장 크고 중요한 비밀——사람의 목숨은 무덤에서 끝나는 게 아니다——을 왜 그들에게 알려 주지 않는가? 가르쳐 주는 것이 지금 살아 있는 사람들에게 크게 도움이 될 것이다.

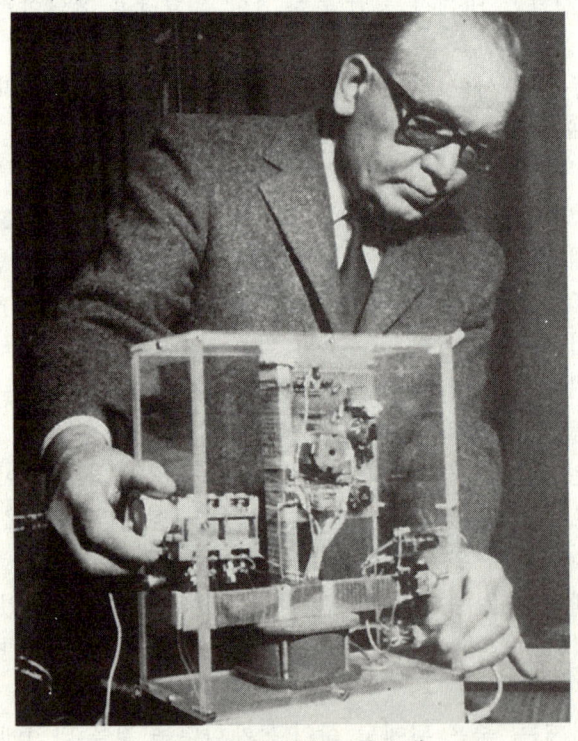

콘스탄틴 라디베와 각도계
이 기계는 죽은 사람으로부터 보내 오는 목소리를 수신 녹음하는 장치로서 심령의 소리에 흥미를 가진 전자공학 기사가 특별히 제작한 것이다.

2. 유능한 여자 영매(靈媒)

이런 종류의 교신을 내가 처음으로 경험하게 된 것은 1950년대 말 무렵의 일이었다. 그날, 나는 우연히 케이시협회 뉴욕 지부의 모임에 참석했었다.

이 재단은 교화연구협회(敎化研究協會)로서도 잘 알려져 있고 여러가지 심령(心靈)현상과 그에 관련된 연구에 종사하고 있는 기관이었다.

나는 어두운 방안의 제일 뒷자리에 조용히 앉아 있었다. 약 100명의 사람들이 강사의 이야기에 귀를 기울이고 있었다. 여성 강사의 이야기는 거의 끝나가고 있었다.

전등불이 켜지자, 필자는 너무 늦게 온 것을 미안하게 생각했는데, 내가 자리에서 일어서기도 전에 강사는 사람들 틈을 비집고 나에게 가까이 다가왔다.

"한스·홀쩌 선생이 아니신가요?"

하고 그녀는 물어왔다. 누군가가 그녀에게 나를 소개했나 보다고 생각하면서 나는 고개를 끄덕였다. 그런데 아무도 가르쳐 준 이는 없었다.

그 당시 나는 완전한 무명인(無名人)이었다. 이 분야에 관한 책은 한 권도 쓴 일이 없었다. 곧 나는 설래는 마음을 진정시키고 그녀가 나의 이름을 기억하고 있을 까닭이 없다고 생각했으므로, 무슨 일로 그러시느냐고 물었다.
"저는 베티·리타예요."
하고 그녀가 말했다.
"영매랍니다. 백부님이라는 분으로부터 선생님에게 보내는 통신을 받았습니다."
이것 참 재미있구나 하고 나는 생각했다. 나에게는 백부님이 여러분 계셨다. 그녀는 나의 그런 마음을 곧 알아차린 듯,
"그분 이름의 머리 글자는 O·S이고 앨리스라는 이름의 부인이 있는데, 그 부인은 금발이라는군요."
나에게는 오토·스트란스키라는 이름의 백부님이 계셨다. 그분은 1932년에 전차사고로 돌아가셨고 나는 줄곧 그분을 존경해 왔었지만, 면식은 별로 없는 편이었고 오랫동안 그분에 대해서 심각하게 생각한 일도 없는 터였다.
미망인의 이름은 그 당시나 지금이나 앨리스였다. 백부가 돌아가셨을 때, 그녀의 머리털은 금발이었지만, 오랜 세월이 지난 지금은 재빛으로 변했다.
그 이상의 통신은 없었다. 그분은 다만 나에게 자기가 '존재하고 있다'는 사실을 알리고 싶으셨던 것뿐이었다고 생각된다. 그렇지 않을 다른 이유는 발견되지 않았기 때문이다.
나는 그분에 대해서 전혀 생각지도 않았었고 또 설사 생각했다고 하더라도 백모인 앨리스가 금발일 것이란 것은 전혀 상상도 못했을 것으로 생각된다.
그녀는 퍽 오래 전에 백발이 되어 있었고 백발 아닌 그녀의 모습은 생각할 수 없었던 게 사실이었기 때문이다. 백부의 기억을 더듬다가 비로소 나는 그녀가 전에는 금발이었다는 사실을 기억해 냈다.
이때부터 꽤 오랜 시일이 지난 뒤, 나는 용기를 내어 이 경

험을 백모에게 이야기했다. 그녀는 제2차 세계대전이 일어나기 바로 전에 브라질로 이주했었다. 그녀는 당연하다는 듯이 고개를 끄덕였다.

"내가 유럽에서 떠나기 바로 전날, 오토가 내 가까이 다가오는 것을 알았단다. 눈에는 보이지 않았지만, 내 곁에 있는 것을 느꼈던 것이란다. 분명히 느꼈단다. 착각이 아니었어."

하고 백모님께서 설명해 주셨다.

사람에 따라서는 이렇게 따질지도 모른다. 어째서 나의 백부는 그 특정된 시간을 정해 그 영매를 통하여 말을 하게 되었느냐고. 나는 두 가지 조건이 하나가 되어서 그 송신을 가능케 한 것이라고 생각한다.

시간과 공간의 제한이 없는 세계에 살고 있는 영혼들은 그들이 지니고 있는 훌륭한 지식을 가지고 언제, 어떤 장소를 적당한 송신로로 쓸수 있는가를 알고 있으므로, 오랫동안 그 기회가 오기를 기다리고 있었을지도 모를 일이다.

그 기회가 실제로 찾아와서 백부님의 사고(思考) 메시지가 영매에게 받아들여져 나에게 전달된 것이었다고 본다.

플로렌스·스타펠즈는 유명한 여성심령가(女性心靈家)인데, 자주 FBI나 경찰 등 사법기관과 협력하여 범인이나 행방불명된 사람들을 찾아내는데 성공을 거두곤 했다.

마침내 그녀는 플로렌스 사이킥(심령자)이라고 이름을 바꿨는데, 뉴저어지주(州) 에지워터에 있는 그녀의 작은 집에는 일주일에 이틀간 사람들이 모였고, 약간의 수고비를 제공한 다음, 저승의 영혼을 불러드리는 독령(讀靈) 등, 심령활동의 중심이 되어 있었다. 그녀는 타고난 초감응력자(超感應力者)였다.

즉, 무엇인가 물체를 만지고는 그곳에서 그 물체를 몸에 지니고 있던 사람의 상태나 소유자에 대한 인상을 파악하여 정확하게 맞추곤 했었다.

플로렌스는 나 이외에도, 1958년에 세상을 떠난 로스앤젤스의 초심리학자(超心理學者) 헤레워드·캐린턴 박사하고도 함께 일을 했던 터였다.

우리들은 물질화(物質化)에 관한 연구에 노력했다. 나는 어두운 방 안에서 적외선 필름을 가지고 무의식 상태에 빠져 있는 플로렌스가 엑토프라즘을 내어 놓는 장면을 사진으로 촬영한 바 있었다.

그러나 그녀는 좋은 트랜스 영매가 되고자 하는 커다란 소망과 열렬한 희망이 있었음에도 불구하고 완전히 깨어 있는 정신상태에서 행하는 초감응력자로서 최고의 진가(眞價)를 발휘했던 것이다.

육체적인 건강이 나빠지자 그전과 같은 신통력은 보이지 않게 되었으나 여전히 자진해서 자기 힘을 제공해 주었고 내가 그녀의 재능을 활용할 수 있을지도 모를 경우에는 언제나 협력하려고 애써 주었다.

기회 있을 때마다 나는 그녀를 방문하곤 했으나, 만년(晚年)에 이르자 거의 만나지 못하게 되었고 그녀로부터 전화가 걸려오는 일도 적어졌다. 그때까지는 무엇인지 중대한 일이 그녀의 몸에 일어날 때만 나에게 전화를 걸어오곤 했었다.

만일 잡지 기고가가 그녀에게 인터뷰를 신청해 오면, 반드시 나에게 전화를 걸어서 그 인물이 어떤 위인인지 알아봐 달라고 부탁을 하곤 했었다.

누군가가 그녀에게 초감응능력의 예시(例示)를 부탁해 오면 그 인물에게 진지한 뜻이 있는지 알아봐 달라고 부탁을 하기도 했었다.

나는 이를테면 그녀의 가까운 상담자였던 셈인데, 개인적으로 좀더 자주 만났었더라면 좋았을 걸 하고 나는 지금도 후회하고 있다.

그녀도 참가한 나의 심령실험 중 몇 가지 경우는 다른 책에서도 기록한 바 있다.

1965년 5월 초순, 그녀는 자신이 너무나 잘 알고 있는 별세계(別世界)의 문턱을 넘어가 버리고 말았다.

몇 달 전부터 그녀의 심장은 쇠약해 있었고, 그녀의 죽음은 갑작스럽게 찾아온 것은 아니었었다. 그러나 나는 그녀를 알고 있는 친구를 통하여 그녀가 세상을 떠났다는 소식을 들었을 때 매우 슬펐다.

분명히 5월 10일에서 12일 사이에 일어난 일이었다고 기억한다. 에지워터의 여러 신문에는 사망란에 작은 기사가 실렸을 뿐이었다.

이것은 그녀가 활동했던 무렵의 지명도와 비교하면 매우 대조적이었다.

나는 그녀가 지금 있는 세계에서는 여왕(女王)과 같이 군림하고 있으리라고 생각하므로, 그녀의 '저승'행에 대해서는 크게 감개를 갖고 있지는 않다.

만년에는 그녀 혼자 살았었지만 그녀에게는 친척이 있었다는 것, 사후(死後)의 정리는 잘 되었으리라는 것을 나는 알고 있었다.

그녀가 심령에 대한 일을 하고 있을 때, 앉아 있었던 튼튼한 참나무 의자가 몹시 마음에 든다고 일찌기 나에게 이야기한 말을 기억하고 있다. 만일 가능하다면 그녀는 그 의자를 '저승' 세계로 가지고 가고 싶었을 것이다.

그러나 그것 이외에 그녀는 이 세상과의 연관성이나 하다만 일은 없었다. 그녀의 생애에서 커다란 비극이라면, 몇 년 전에 아들이 살해당한 일인데 그 사건은 미해결인 채 끝나고 말았지만, 그녀는 이제 아들과 직접 이야기를 할 수 있게 된 셈이니까 이 세상에 미련을 남기지 않았으리라고 생각한다.

3. 유령 저택의 사건

 나는 1965년 5월 19일, 뉴저어지주(州) 링우드에 있는 유명한 유령의 저택을 조사하는 책임자가 되었다. 그곳에서 에지워터는 그렇게 먼 곳이 아니었다.
 나에게 협력한 영매는 에셀·존슨·마이어즈였고, 그리고 내 아내인 캐더린과 당시 〈새터데이·리뷰〉 잡지의 편집장으로서 후일에 〈새터데이·이브닝·포스트〉의 주필이 된 하스켈·프랑켈도 함께 있었다.
 우리들은 링우드의 그 저택을 전에는 방문한 일이 없었다. 네 사람이 커다란 식탁용의 둥근 테이블을 둘러싸고 앉아 있을 때, 에셀은 깊은 무의식 상태로 빠져 들어갔다. 유령이 나오는 저택이고 오랜 역사를 지니고 있으므로 이 저택의 옛날 주인 목소리가 들려오게 되리라고 기대하고 있었는데, 무의식 상태가 되어 있는 에셀·존슨·마이어즈의 입에서는 매우 귀에 익은 목소리가 들려와서 나는 소스라치게 놀라지 않을 수 없었다.
 "미스터 홀쩌——헬로우, 미스터 홀쩌——"
 목소리는 컸다.
 "누구시죠"
 하고 나는 물었다.

"플로렌스를 모르시겠어요?"
하고 그 목소리는 나를 책망하는듯 했다.
"당신과 이야기를 할 수 있어서 참 기쁘군요."
 분명한 어조였다. 말을 골라 쓰는 것이라든가, 마음의 기쁨을 그대로 나타내는 말투는 언제나 나에게 전화를 걸어 왔을 때의 플로렌스의 개성을 잘 나타내고 있었다.
"당신은 두 주일 전에 가 버리지 않았소, 플로렌스?"
하고 나는 조용히 이야기했다.
"다만 안녕하시냐고 문안을 드리고 싶었던 거예요."
 그녀는 나에게 인사하는 목소리에 기쁨을 나타내면서 이야기를 계속했다.
"왔지 뭐예요. 당신에게 그 이야기를 들려주고 싶었어요. 저는 당신과 이야기를 하고 싶었어요. 사람이 찾아왔어요……이봐요, 이 이야기는 다른 사람에게 말해서는 안되요.……절대로 누설해서는 안되는 비밀이예요."
"사람이 찾아왔어요……누구라고 생각하세요……대통령이예요……합중국의……."
 이런 대화가 오고 가는 동안, 내 주위에 있던 사람들은 침묵을 지키고 있었다.
"만나러 오셨지 뭐예요."
 하고 플로렌스의 목소리는 평소 때보다도 상당히 큰 셈이었다.
"아무에게도 이야기하지 마세요."
"말하지 않겠소."
 이것이 죽은 플로렌스·스타펠즈의 목소리인 것은 분명했다. 그러나 대통령이 실제로 그녀에게 의논하러 왔는지 어떤지를 어떻게 내가 확인할 수 있겠는가.

그러나 상당히 주요한 자리에 앉아 있는 사람들이 난처한 일이 생기면 몰래 플로렌스를 찾아오곤 했던 것도 또한 사실이다.
　대통령은 찾아 올 까닭이 없다고 누가 잘라 말할 수 있겠는가. 그녀는 굉장히 유명했고, FBI도 그녀를 신용하고 있었던 것은 사실이었다.
　"언제 찾아왔었지요?"
　나는 알고 싶었다.
　"그러니까. 아 그런 것은 나에게는 문제가 아니구요. 시간에 대해서는 생각할 수 없어요. 하지만 그분은 왔었어요. 검고 큰 차를 타고 많은 사람들을 거느리고요."
　"그분은 두려워 하고 있었어요. 마음 속에 공포가 있었어요. 그는 죽으리라고 모두가 말하고 있었어요.…… 그분은 제가 가르쳐 주기를 바랐던 거예요……명예스러운 일이 아닐까요."
　에셀의 표정은 프로렌스와 매우 비슷했다. 그녀도 부드러운 표정이었다.
　살아 있었을 때에도 그녀는 이야기를 꺼내면 오래 계속하는 경향이 있었으므로,
　"고맙소, 플로렌스."
　하고 나는 한마디 했다.
　"기뻐요, 몹시……."
　하고 그녀가 말했다. 그러나 그녀는 곧 떠나버렸다. 영매인 에셀은 앨버어트라는 남자의 목소리로,
　"붙잡을 수가 없어요."
　하고 변명하는 듯한 말투로 이야기했다.
　링우드 저택의 유령 현상은 매우 전형적인 하나의 실례였

다.

여배우의 집념

그런데 프로렌스와의 접촉은 그때가 마지막은 아니었다. 그녀의 심령술(心靈術) 친구이며 그녀와 자주 만나던 메이·색스턴은 그녀와 접촉을 계속하고 있노라고 이야기해 주었다.
"플로렌스가 저에게 무엇인가 말하려고 하는 것을 느낄 수가 있어요. 하지만 무슨 말을 하고 싶은 것일까요?"
하고 그녀는 고백했다.
때로는 옷소매를 잡아 당기는 것을 느끼곤 했다는 이야기였다.
1967년 5월, 나는 마아가렛·샤우드라는 부인을 만났었는데, 이분은 나에게 그 뒤의 플로렌스의 소식을 전해 주었다. 그녀의 친구이며, 현재는 뉴욕주(州) 웨스트체스터에 살고 있으나, 그전에는 에지워터에 살았던 어느 자매(姉妹)가 플로렌스와 친하게 지내고 있다는 이야기였다.
언니인 밀러 부인이라는 여성이 문득 플로렌스를 방문하려는 생각을 갖게 되었다. 그 부인이나 여동생도 플로렌스가 죽었다는 사실을 모르고 있었다.
두 자매는 에지워터까지 기차로 여행을 계속하여 플로렌스의 집을 찾았다.
현관의 벨을 누르고 기다렸으나 대답이 없었다. 단념하고 돌아가려고 하는데, 안에서 발자국 소리가 들렸다. 발자국 소리는 문 있는 데로 가까이 오고 있었다.
두 자매는 곧 그 발자국 소리가 플로렌스의 독특한 발자국

제4장 영계로 부터의 송신 109

소리임을 알았다. 그 발자국 소리는 그전에 자주 들은 귀에 익은 것이었기 때문이었다.
"오는군."
하고 부인은 동생에게 고개를 끄떡이고 문이 열리기를 기다렸다. 그러나 발자국 소리는 문 앞까지 오기는 했으나 문은 열리지 않았다. 두 자매는 이상하다고 생각했다.
"플로렌스!"
참다 못해 부인은 말을 걸었다. 갑자기 두 여성은 야릇한 느낌이 들었다. 누군가의 팔에 꼭 안긴 것과 같은 느낌이었다. 온 몸이 마비된 것 같아 잠시 동안이었지만 거의 몸을 움직일 수가 없었다. 그리하여 또 다시 몸의 자유를 되찾자 문이 있는 데서 떨어졌다.
이 모습을 길 건너에서 지켜보고 있던 한 여성이 있었다. 그녀는 두 여인이 만나는 것을 단념하고 돌아가려고 하는 것을 보자 거리를 건너와 말을 걸었다.
"그분은 벌써 퍽 오래 전에 돌아가셨답니다."
두 여성은 깜짝 놀라 눈을 크게 떴다. 이제 알았다는 표정이었다.
시빌·리이크가 흥분한 목소리로 전화를 걸어 온 것은, 1967년 7월 7일 금요일 아침이었다.
"비비안이라는 이름의 여자를 누가 알고 계시나요?"
하고 그녀는 물었다.
"어젯밤에 비비안이라는 여자로부터 마음에 걸리는 메시지를 받았어요."
그런 이름을 가진 젊은 부인을 알고는 있었으나, 그런 젊은 나이로 죽었다고는 생각이 되지 않았고 그뿐만 아니라 오랫동안 그녀와는 아무런 교섭이 없었던 터였다.

좀더 자세히 이야기해 달라고 부탁을 했더니, 밤중에 어떤 여자의 영혼이 찾아와서 나에게 전해 달라고 부탁을 했으므로, 아침까지 한잠도 자지 못하고 부탁받은 대로 전화를 하고 있는 것이라고 시빌·리이크는 설명했다.

그녀가 기억하고 있는 것은 '비비안'이라는 이름과 '쉬는 날에 간다'는 뜻의 말인지, 쉬는 날을 노래한 노래와 같은 것, 그것뿐이라고 했다.

나는 시빌에게 감사하고 그 말을 메모했다.

그로부터 24시간 뒤인 7월 8일 토요일, 신문은 비비안·리이가 런던의 아파트에서 시체로 발견되었다는 뉴스를 실었다.

그녀는 그 전날에 죽었던 것이었다. 이 유명한 여배우는 병(病)과 수면제 과용이 원인이 되어 죽었던 것이었다. 53세.

그날 밤 런던의 모든 극장에서는 1분 동안 불을 끄고 조의(弔意)을 표했다. 한편 뉴욕에서 나는 당황한 목소리로 시빌을 전화로 불러내 비비안·리이와 만난 일이 없느냐고 묻고 있었다.

그녀는 만난 일이 있었던 것이었다. 다만 그녀의 심령 흔적(心靈痕跡)에 나타난 비비안이라는 이름을 비비안·리이와 연결지어서 생각해 보지 않았던 것뿐이었다. 한스에게 전해 달라고 하는 메시지였기에 당연히 나의 친구거나 나와 관련이 있는 인물이라고만 굳게 믿었다는 이야기였다.

당시를 돌이켜 보면, 나와 한 번도 만나 본 일조차 없는 비비안·리이가 어째서 내 앞으로 전언(傳言)을 부탁하는지 그 이유를 알 수가 있다.

나는 그녀의 비서와 친했었기에 그녀는 그 비서를 통해서 내가 하고 있는 일이 무엇인지 알고 있었던 것이 분명했다. 그녀는 영혼(진짜 인간)으로서 아직 살아 있다는 뉴스를 공표하므로서 그녀는 살아 있는 사람들에게 계속 감화를 주었을 뿐만 아니라——세상 사람들의 기억 속에서 사라지고 싶은 여배우가 어디 있겠는가——그녀가 도착한 다른 세계의 존재를 일반 사람들에게 알리는 데도 큰 구실을 하게 되었던 것이었다.

때때로 비비안·리이는 친구로서 시빌에게 의논을 했고, 개인적인 문제로 상담을 해오곤 했다는 이야기였다. 1966년, 그녀는 맨하탄의 식당에서 메니저, 시빌·리이크, 시빌의 친구인 잔·미이크와 네 사람이 함께 식사를 한 일이 있었다고 한다.

이때 시빌은 이 여배우의 앞날에 커다란 불행이 찾아오리라는 것을 알았으나, 물론 본인에게는 이야기를 하지 않았다는 것이다.

두 사람이 처음 만난 것은 시빌이 BBC방송에 출연했던 20년 전의 일이었다고 한다. '쉬는 날에 간다'는 말은 별세계(別世界)에 새로 도착한 이 여성을 기다리고 있는 가슴 두근거리는 체험을 표현한 적당한 표현이라고 생각된다.

그녀는 비비안·리이가 계속 살아 있다는 사실을 세상 사람들에게 알리고 싶었던 것이 분명하다.

영능자 B씨의 영시로 나타난 물에 투신 자살한 망인의 원령(怨靈)

제 5 장
현세에 집착하는 영혼

1. 영혼의 욕구불만

 심령주의자들이 즐겨 쓰는 '심령현상(心靈現象)'의 두번째 범주에는 영혼이 갖고 있는 이 세상에 대한 미련이 있다.
 최근에 죽은 사람이 우선 생각하는 일은 비탄(悲嘆)에 젖어 있는 가족들에게 조금도 울 필요가 없고, 생명은 여전히 존속되어 간다는 사실을 알리는 일일 것이며, 그 다음에 생각하는 것은 당연한 일이지만 이 세상에서 다 하지 못한 일을 완성시켰으면 하는 소원일 것이다.
 육체가 없어진 뒤에도 생명이 계속된다는 것을 보여주는 증거로써 속세에서의 괴로움이나 욕망은 자유롭게 해방된 영혼에게도 따라 다닌다는 것을 보여 주고 있다.
 사람이 다른 보다 높은 차원의 세계로 옮겨가 있다고 해서, 그것이 물질세계에 있어서의 의무를 완전히 무시할 수 있게 되는 것은 아니다.
 이것은 그 영혼이 육체에 들어가 있던 당시의 책임감에 대한 태도라든가, 개인의 생활 태도에 따라 각각 달라지게 마련이다.
 겁장이는 죽어서도 영웅이 될 수 없을 뿐더러, 저질적이며 무질서하던 사람이 질서의 권화(權化)와 같은 영혼으로 변화하는 일도 없다. 죽음 자체에 정화작용이 있다고는 생각되지 않는다.
 전면적으로 우주의 뜻을 '저승'이라는 세계로부터 어느 정도 파악할 기회를 갖긴 하지만 그렇다고 해서 이와 같은 것을 누구에게 강제로 이해시킬 수 있는 것도 아니며, 새로 '저승'에 간 사람이 어떤 형식으로 세뇌(洗腦)를 당하는 것도 아니다.
 생전 그대로의 상태로 있느냐, 진보하느냐 하는 문제는 '이승'이나 '저승'이나 자기 노력에 의해 변화된다는 점에서 마찬가지인 것이다.
 그럼에도 불구하고 만약 인간이 급사 한다거나, 현세적(現世的)인 분위기 속에 있지 않고, 이른바 유령의 상태로 다른 세계로 들어갔을 경우, 그 인간은 미해결의 문제를 그대로 안은 채 그 세계로 가게 되는지도 모를 일이다.
 이런 종류의 문제는 가족들의 생활보장, 자녀들의 앞날, 법적인 유언을 하지 못한 것, 미완성인 원고나 논문 등 후계자를 난처한 입장에까지 몰아넣을 수 밖에 없었던 피치못할 중요한 일들, 서랍 속을 지저분하게 남겨둔 채로 죽었다든가, 두 세통의 편지에 답장을 내지 않았다든가, 사랑하는 사람에게 본의 아니게 거치른 말을 한 채로 죽었다든가 하는 사소한 일에 이르기까지 가지각색이다.
 각각 다른 개인에게 있어서 이와 같은 욕구불만은 사소한 일일 수도 있고, 혹은 중요한 일일 수도 있다. 요컨대 그 개인의 개성 여하에 달려 있다.
 어떤 일이 중요한 문제이며 무엇이 하잘것 없는 일인가를 정하는 객관적인 기준은 없다. A라는 사람에게는 매우 중요한 문제가 B라는 사람에게는 전혀 중요하게 생각되지 않는 일도 있기 때문이다.

일반적으로 말해서 살아 있는 사람과 교신을 바라는 것은 여러 가지 사항을 바로 잡으려는 충동에서 생긴다. 일단 접촉이 이루어지고 그 문제가 살아 있는 사람에 의하여 이해되면, 또 살아 있는 사람이 영혼의 세계로부터의 송신인 요구에 바탕을 둔 행위와 틀리지 않는 이상, 다시는 그와 같은 요구를 하지 않게 된다. 그러므로 만족스럽지 못하면, 만족할 때까지 몇 번이고 영혼의 소리가 되돌아 오게 마련이다.

모든 영계(靈界)로부터의 통신은 반드시 우체국의 전문처럼 명확한 것이 아니다. 상징적인 말을 쓰는 수도 있으며, 수신인이 그 송신인의 성격과 버릇을 알고 있을 경우에만 이해할 수 있는 것도 있다.

하지만, 그 영혼의 요구를 이해해 주는 것만으로도 어느 정도 죽은 사람의 참다운 고뇌를 덜어줄 수 있는 것이다. 주위의 조건이 바뀌었다거나 또는 세월이 너무 오래 흘러간 탓으로 요구를 해결해 줄 수 없는 경우도 있다. 너무나 오랜 세월이 흘러 버려 그 슬픔을 이해하고 해결할 수 없는 영계 통신도 있다.

1880년대에 한 여자가 죽었는데, 이 여자가 영계에서 그 집은 지금 살고 있는 사람에게 소유권이 있는 것이 아니라, 자기에게 있다는 것을 확인해 주는 서류를 찾아줄 것을 요구하는 통신을 보내 온 일이 있었다.

그녀에게는 옛날의 착오가 현재의 문제로 되겠지만 말할 것도 없이 우리는 그녀가 죽은 지 90년이 지난 오늘에 와서 그녀의 요구를 인정하고 선의로 그 집을 사서 살고 있는 사람을 내쫓을 수는 없는 일이다.

나는 이 문제를 《양키 고오스트》라는 저서에서 다루었다.

제5장 현세에 집착하는 영혼 117

이 초조해 하는 여성에게는 반드시 당신이 원하는 대로 해주겠노라고 설득하는 한편, 지금은 사태가 달라졌다는 것도 납득시켰다. 그러자 그녀의 괴로움은 없어졌고 적어도 그녀를 동정하는 마음을 가졌으므로 약속을 지금 곧 실행하라고 주장하는 일은 그만두었던 것이다.

이런 종류의 극단적인 사건의 예로서 시카고의 셔리·본 부인의 경우가 있다. 이 부인은 어느 영관급 장교와 결혼하여 자녀를 열명이나 두었는데도 1943년에 이혼하고 역시 본이라는 이름의 전 남편의 먼 친척이 되는 남자와 재혼했다. 그런데 이혼한 뒤에도 전 남편은 그녀를 괴롭혀 왔다. 몇년 동안이나 그녀를 계속 협박했기 때문에 그녀는 도저히 견딜 수 없게 되었다.

견디다 못한 그녀는 마침내 전 남편의 협박에서 벗어나려고 매우 극적이 마지막 방법, 다시 말해서 살인할 결심까지 하게 되었다.

그 기회는 그녀보다 19세 아래의 사촌동생이 죠지아주(州) 포오트·베란다의 주둔지에서 다른 곳으로 전출하게 되어 인사차 들렸을 때 생겼다.

"저 사람을 살해해 주지 않겠니? 그러면, 너에게 한 달치 봉급을 줄테니"

"그럽시다."

UP 통신은 동생이 자진해서 승낙했고 그녀가 사례금으로 90달러를 주려고 했는데도 50달러면 된다고 말했다고 보도하고 있다.

전투에 익숙한 병사에게는 때때로 사람의 목숨이 값싸게 느껴지는 일도 있는 모양이다.

그런지 얼마 안되어 차알스·본씨의 시체가 그의 아파트

지하실에서 발견되었다. 그는 머리를 해머로 맞아 두개골이 부서져 있었다.

만약에 죽은 본씨의 영혼이 나타나지 않았더라면 이 이야기는 부인과 그 사촌동생만 아는 비밀로 끝나고 말았을는지도 모른다.

살인은 그녀가 흥정을 한 직후인 화요일 저녁에 일어났다. 1953년 8월 5일 수요일 아침, 본 부인은 죽은 전 남편이 그녀에게 덤벼들려는 시늉을 하면서 나타난 것을 보고 간담이 서늘해졌다.

그녀는 경찰을 불렀다. 형사는 그녀가 말하는 유령 이야기를 믿지 않았으나, 차츰 신문(訊問)을 계속하는 동안에 그녀의 범죄가 발각되었고, 사촌동생인 군인은 체포되었다.

자기가 살해당한 것을 밝히려고 하는, 이 세상에서의 원한을 풀어보려고 한 죽은 본씨를 아무도 비난할 수는 없다.

캘리포니아의 클라렌스・톰슨의 심령(心靈)체험은 특히 흥미있는 일이었다. 그는 태어나면서부터 장님이었기 때문이다. 1946년, 그는 지금의 부인과 샌프란시스코에서 결혼했다. 두 사람은 곧 뉴욕으로 갔는데 그때는 그의 부인의 친구나 가족에 대해서 아는 바가 전혀 없었다.

톰슨씨는 뉴욕에 도착한 날의 일을 잊어버리지 않았다. 유명한 야구선수인 베이브루스의 장례식날이었다. 그들 부부는 이스트사이드에 있는 장모가 사는 집에서 같이 살게 되었다.

장모는 청소부인데, 늘 새벽 1시쯤 집에 돌아오는 것이었다. 그들의 아파트 방은 1층의 제일 구석에 있었고 정면 현관에서 약 70피이트 쯤 떨어져 있었다.

제5장 현세에 집착하는 영혼

 날씨가 따뜻한 밤이었으므로 신혼부부는 일어나서 어머니가 돌아오기를 기다리기로 하였다. 라디오에서는 베이브루스의 장례식의 장엄한 미사 광경을 재방송하고 있었고 시간은 바로 11시였다.
 음악이 시작된 시간에 부부는 현관문이 열리고 누군가가 복도로 이쪽을 향해 걸어오는 발소리가 들려왔다. 톰슨의 감각기관 중의 청각(聽覺)——대부분의 장님들이 가지고 있는——은 그들을 향해 오고 있는 발소리가 구두를 신고 있지 않다는 사실을 분명히 알려주고 있었다. 그 사람은 문을 지나서 들어오더니 그의 두 눈을 손으로 가린 것이었다. 그는 장모인 줄로만 알고
 "어머니세요?"
 하고 말했다.
 톰슨 부인은 남편이 무엇인가 잘못 생각하고 있는 것이 아닌가 하면서 그렇지 않다고 일러 주었다. 아무도 들어 온 사람이 없었기 때문이지만 그녀도 발소리만은 들었던 것이다.
 그 보이지 않는 인물은 그의 앞으로 걸어와서 몸을 돌려 그와 마주 섰다. 그러자 갑자기 톰슨도 부인도 톡 쏘는 마늘 냄새를 맡은 것이었다.
 부부는 어쩌자고 마늘을 만졌느냐고 서로 물어보았다. 사실 보일리가 없는 장님인 톰슨은 자기 앞에 여자가 서 있는 것을 분명히 알 수 있었다.
 긴 머리를 풀어서 늘어뜨린 키가 작은 여자로 품이 넉넉한 옷을 입고 구두는 신고 있지 않았다.
 옷 위에는 앞치마를 두르고 있었고 한 손은 앞치마 주머니에 넣고 있었다. 그 주머니에서 종이가 바스락거리는 소리가 들렸고 눈은 감고 있는듯 했다.

톰슨은 그 유령을 보고 있었다. 그러자 그 여인이 말하는 것이었다.

"쥴리아에게 돌을 버리라고 말해 줘!"

그녀는 그 말을 두 차례 되풀이 했다. 라디오의 성가(聖歌) 소리가 멎자 그녀는 방향을 바꾸어 방에서 나갔으나 이번에는 두 사람 귀에 발소리는 들리지 않았다. 하지만 톰슨은 그녀가 걸어가서 나가는 것을 '보았던' 것이다.

찾아온 사람이 방에 있는 동안 그의 몸은 마비된 것처럼 매우 이상한 느낌에 젖어 있었다. 마치 현기증이 났을 때처럼 꼼짝도 할 수 없었다.

그 모습이 사라지자 때를 같이 하여 주문(呪文)이 풀린 것처럼 자유로워졌으며 더욱 놀란 일은 그동안이 꼭 한 시간 지났음을 알 수 있었다.

톰슨 부인은 그 모습을 보지 못했으므로 남편은 그녀에게 그 여인의 모습을 말해 주었다.

톰슨 부인의 이름은 쥴리아였으나 그 말의 내용을 그녀는 알 수가 없었다. 도대체 어떻게 된 일일까 하고 둘이서 이야기를 하고 있는데, 장모가 돌아왔으므로 지금 일어난 일을 이야기했다.

"아니, 그게 무슨 일일까?"

하고 장모는 큰소리로 말했다.

"어떻게 해줬으면 좋겠다고 말했는데……?"

그녀가 알고 있는 여자 중에 쥴리아라는 이름을 가진 사람이 있었다. 유령이 말한 것이 그 쥴리아였는지도 몰랐다. 그 쥴리아는 어젯밤에 아파트에 있었으나 아침이 되면 돌아오기로 되어 있었다.

다음 날 아침, 톰슨 부부는 그 쥴리아를 만나서 두 사람이 체험한 일을 자세히 말해 주었다. 쥴리아는 곧 모든 것을 이해하였다.
"바로 우리 어머니예요."
하고 그녀는 눈물을 흘렸다.
"2년 전에 돌아가셨어요."
그녀가 설명하는 바에 의하면 돌아가신 어머니는 마늘을 항상 앞치마 주머니에 넣고 있었다고 한다. 그녀는 가는 곳마다 자갈을 주어 오는 버릇이 있었고, 그 자갈을 작은 그릇에 담아 두었었다.
돌아가신 어머니가 모은 돌을 담은 가지가지 그릇은 아직도 쥴리아의 방에 놓여 있었다. 사정을 알게 되자 이 부인은 돌을 가지고 가서 돌아가신 어머니의 무덤 주위에 뿌렸다. 유령은 그 뒤로는 나타나지 않게 되었다.

2. 영혼의 장난

노이즈 부부는 버펄로우의 고급 주택가인 델라웨이 거리에 있는 큰 벽돌집에 살고 있었다. 그들은 이 집의 실제 소유주인 백부(伯父)와 함께 살고 있었다.

노이즈씨의 백모(伯母)가 죽은 뒤, 무엇을 두드리는 이상한 소리가 들려와서 이 집에 사는 사람을 괴롭히는 일이 있었다. 이 소리에 대해서는 합리적인 설명을 도저히 할 수 없었다.

그로부터 몇달 뒤, 노이즈씨는 때마침 백모가 전용으로 쓰던 골방에 있는 옷장을 정리하고 있었다. 생전에 그녀는 그곳에 선물이라든가, 자신의 사물(私物)을 넣어 두고 있었다.

물건을 정리하고 있으려니까 서랍 속에 종이뭉치가 눈에 띄었다. 그것을 꺼내는 순간 그는 그에게 말하는 또렷한 사람의 목소리를 들었다.

하지만 무슨 말을 하고 있는지 전혀 뜻을 알 수 없었다. 방 안에는 그만이 홀로 있었고 깊은 밤이어서 집안에서 움직이고 있는 사람은 아무도 없었으며 라디오도 켜 있지 않았다.

노이즈씨는 그 종이뭉치를 들고 아내가 누워서 책을 읽고 있는 침실로 걸어 갔다.

그곳까지는 25피트 쯤 떨어져 있었으나, 복도를 걸어가는 동안 그 목소리는 그에게 계속 이야기를 하는 것이었다.
  침실로 들어가자, 노이즈 부인이 책을 읽다가 고개를 들고
"누구와 이야기를 하셨어요?"
하고 물어오는 것이었다.
  노이즈씨는 등골이 오싹했으나 정신을 차리고 보니 그는 그 이상한 종이뭉치를 가지고 마치 누구에게 끌려가듯이 지하실 쪽으로 가고 있는 것이었다.
  그는 소각로(燒却爐)를 열고 그 속에 종이뭉치를 넣었다. 그는 백모께서 그 뭉치를 공개하거나 남에게 보이고 싶지 않았을 것이라는 강렬한 느낌을 받았기 때문이다.
  불길이 그 뭉치의 내용물을 태워 버리자 곧 노이즈씨의 기분은 정상적인 상태로 돌아왔다.
  그 뒤로 그 집에서는 이상한 현상은 일어나지 않았다. 백모는 개인적인 그녀의 편지나 그 밖의 서류를 남의 눈에 띄게 하고 싶지 않았던 것이 분명했다. 이제 그 가능성이 사라지자 영계로 부터 송신할 필요도 없어진 것이다.
  '이 세상에의 미련'이 때로는 장난일 수도 있다. 사람이 죽어도 자신의 위치 변화를 받아들이지 않고 지상의 욕망으로부터 해방되지 못할 경우에 그는 그와 친했던 사람들이 있는 곳으로 되돌아 오게 된다. 때로는 이 되돌아 온 영혼이 현실적인 욕망을 직접 표명할때도 있다.
  터무니없다고 생각될지 모르나, 죽은 남자가 살아 있는 여성에게 사랑을 표시하는 일도 전혀 있을 수 없는 일은 아니다. 물론 도덕적인 이유에서가 아니라 몹시 실행하기가 어렵고 '그 행위의 성립' 여부를 생각해 보아도 영(靈)에게 어울리는 일은 아니다. 하지만 이런 일은 실제로 일어나고 있는 것이다.

발티모어 근처의 메리랜드에 살고 있는 오우드리·L 부인은 4년 전에 미망인이 되었다. 남편이 죽자, 곧 이상한 일로 시달리기 시작했다. 즉 남편이 '아직 곁에 있는' 느낌을 유지하고 있는 것이다.

죽은 남편은 곧잘 그녀의 이름을 불렀고 생전에 집에 있던 때와 같이 집안을 돌아다니는 것이었다. L부인에게는 죽은 남편의 모습은 보이지 않았으나, 똑똑히 소리를 들을 수는 있었다.

밤이 되면, 죽은 남편의 코고는 소리도 들려왔다. 마침내 그녀는 집을 팔고 아파트로 옮기기로 결심했다.

잠시 동안 L씨는 나타나지 않았다. 하지만 그것도 오래 가지 못하고 밤마다 겪어야 할 고통이 다시 시작되었다. 이번에는 그 현상(現象)이 눈에도 보이게 되었다.

남편의 모습이 그녀의 침대 옆에 나타나서 그녀의 손목을 잡고, 침대에서 끌어내릴려고 하는 것이었다.

무서움을 느끼면서도 남편을 물끄러미 바라다 본 그녀는 그 낯익은 모습이 투명하게나마 뚜렷함을 알았다. 그런데도 남편은 현실적으로 존재하였고 두 팔의 억센 감촉도 있었던 것이다.

이런 종류의 난처한 '세상에 대한 미련'을 해결하기란 그리 쉬운 일이 아니다. 한쪽이 자진해서 미련을 버리려고 하지 않는 이상 좋은 결과는 나타나지 않는 것이다. 하지만 그 도덕적인 수준이 그와 같은 접근법에 맞지 않으면 안된다.

여성이 이 영계의 문을 닫아 버리려는 결심이 강하면 이 여성만이 혼자의 힘으로 남성을 거부할 수 있는 것이다.

이와 같은 '월계(越界)'가 이루어지는 것은 무의식 속에

제5장 현세에 집착하는 영혼   125

그러고 싶다는 욕망이 깊이 뿌리박혀 있을지도 모른다는 것이 사실이기때문이다.

멀리 떠나간 사람은 완성되기를 바라는 일이 오랜 세월이 지나도 끝나지 못할 경우가 있다. 영계로부터의 영혼이 미리 이것을 알고 있어서 시간의 한계를 넘어 죽음의 주춧돌까지도 옮기고 있다는 것을 보여 주는 예가 있다.

미국 중서부에 사는 의사의 아내이며, 교육자인 어떤 여성의 경우가 이 점에 관하여 흥미로운 증거를 보여 주고 있다.

오래 전에 이 B부인은, 전문직을 가진 신사와 결혼했다. 부부 사이에 두 아이가 생겼고 그들의 결혼생활은 행복했었다. 경제적, 직업적인 고통은 없었으나 남편은 설명할 수 없는 구속감을 느끼고 불안에 떨고 있었다.

어느 날 밤 남편은 외출한 채 돌아오지 않았다. 많은 시간이 지났다. B부인은 걱정을 하면서 남편이 돌아오기를 기다렸으나 끔찍한 일이라도 생긴 것이 아닌가 하는 쓸데없는 걱정은 하지 않았다.

남편은 집을 나갈 때 몹시 기분이 좋았었다. 마침내 그녀는 기다리다 지쳐서 혼자 잠을 잤다. 남편은 늦게야 돌아오려니 생각했던 것이다.

한밤중에 그녀는 잠이 깨었다. 방안에 누군가 있다는 느낌이 들었던 것이다. 눈을 뜨고 둘러 본 그녀는 침대 발치에 남편 비슷한 모습이 서 있는 것을 알아차렸다. 그 순간, 갑자기 그녀는 남편이 '저승'으로 가 버렸다는 사실을 깨달았다.

"걱정할 것 없오."

하고 남편은 말하는 것이었다.

"모든 것이 잘 될 것이요. 워리가 당신과 애들을 보살펴 줄

거요."

이렇게 말하고 유령은 사라졌다.

다음 날 아침 그녀는 남편이 권총 자살한 것을 알게 되었다. 분명히 억압증(抑壓症)에 의한 발작에서 일어난 자살이었던 것이다.

너무도 슬픔에 잠긴 탓으로 그녀는 남편이 방문했던 사실을 잊어버렸다. 혹은, 꿈으로 돌리고 대수롭지 않게 생각하려고 하였는지도 모른다.

하지만 마음 속 한 구석에서는 자기가 그때 완전히 잠이 깨어 있었고, 남편이 침대 발치께 서 있는 것을 분명히 보았다고는 믿고 있었다.

그로부터 2년이 지났다. 그 사건은 그녀의 마음의 의식 속에 가장 깊숙히 가라앉고 말았다. 남편의 말이 전해진 싯점에서는 거기에 어떤 뜻이 포함되었었는지, 마음에 집히는 바가 없었으니 말이다.

워리는 죽은 남편과 그녀의 친구이기는 하였으나 그 이상의 깊은 관계가 있었던 것은 아니었다. 그런데 어느 화창한 날, 전화벨 소리가 울렸다.

B부인은 수화기를 들기 전에 '그것이 워리'에게서 온 것임을 알았다. 우정이 다시 깊어지고 마침내는 결혼까지 하기에 이르렀다. 그로부터 워리는 실제로 그녀와 아이들의 뒤를 보살펴 주고 있는 것이다.

밴하드·모렌하우어는 지금 예순 네살이다. 행복한 결혼 생활을 보내고 있고, 거의 독학으로 기반을 닦은 학자로서 캘리포니아에 살고 있으며 문예평론과 철학에 관한 수필 등 많은 저서가 있다.

그의 어머니인 프랜시스·모렌하우어는 재능이 있는 음악

가로 항상 심령연구에 흥미를 느끼고 있었다.
 샌프란시스코 교향악단에 있던 아버지인 모렌하우어씨는 1920년에 죽었다. 가족들은 생활고에 시달리게 되고, 젊은 밴하드가 채소장사를 해서 가계를 도운 일도 있었다.
 어머니 모렌하우어 부인은 캘리포니아주의 포인트·로마에 있는 그녀의 근무처인 음악연구학교에서 심장발작을 일으켜 죽었다. 그때의 나이는 마흔 두살이었다.
 모렌하우어 부인의 사망일은 1923년 6월 24일이었다. 며칠 뒤에 밴하드는 장례식에 참석했다. 그때 유골은 그린우드 묘지의 납골당에 안치하기로 되어 있다는 말을 듣고 그는 마음 놓고 여행을 떠났다.
 한달 뒤 여행을 끝내고 포인트·로마로 돌아 온 그는 이상한 꿈을 꾸었다. 돌아가신 어머니가 꿈에 나타난 것이지만, 그녀는 캄캄한 작은 방에 있었고 몹시 괴로워 하고 있는 듯이 보였다.
 "모든 것이 다 불편하기만 하단다."
 하고 그녀는 불평을 말했다.
 "내 유골이 제 자리에 놓여 있지 않으니 말이다."
 꿈 속에 나타난 어머니를 향하여 그는 그럴 리가 없을 거라고 위로해 주었다. 하지만 어머니는 대답 대신에 작은 구리 상자를 넣은 바구니가 있는 작은 탁자를 그에게 보여 주었다.
 다음 날 아침에 눈을 뜨자 밴하드는 사랑하는 어머니의 죽음을 슬퍼한 나머지 그런 꿈을 꾸게 되었다고는 생각하고 싶지 않았다.
 그는 한 번 묘지를 찾아가서 납골당 문에 어머니의 이름이 정확히 새겨 있는지를 확인해 보기로 마음먹었다.

그런데 그곳에 가는 도중에 친구이며 가수인 메이·로에사 부인과 마주쳤다. 부인은 죽은 모렌하우어 부인의 무덤을 찾아보고 돌아오는 길인데 그곳에 작고한 부인의 유골이 안치되어 있지 않았노라고 그에게 말해 주는 것이었다.
 이 말을 들은 모렌하우어씨는 조사해 보고 싶으니 함께 가 줄 수 없겠느냐고 부인에게 청하여 가본 결과, 분명히 돌아가신 아버지의 유골은 있었으나 돌아가신 어머니의 유골은 없었다. 그는 묘지의 관리인을 찾아가 납골부를 점검해 달라고 부탁했다.
 "모렌하우어 부인의 이름은 기록되어 있지 않습니다."
 하고 관리인은 말했다.
 화가 난 밴하드는 벤바우 장의사로 달려 갔다.
 까다로운 조사를 한 결과 어찌된 일인지 돌아가신 어머니의 유골상자는 벤바우 장의사의 건물 속에 그대로 남겨 있었음이 밝혀졌다. 밴하드는 몸소 유골을 안고 묘지로 가서 납골당의 좋은 자리에 안치시켰다.
 모렌하우어씨가 이 체험담을 나에게 말하고 있을 때, 모렌하우어씨는 갑자기 다시 어머니의 모습이 눈 앞에 나타나는 것을 보았다.
 그녀는 죽은 사람이 돌아올 수 있다고 다른 사람에게 알려 주는 입장에 놓여 있는 나에게 아들이 체험담을 말하고 있는 것을 기뻐하고 있는 것 같았다.

3. 유체(幽體)에서 이탈한 여자

프롤라인·멕카시는 샌프란시스코의 많은 언덕 중의 한 곳에서 1895년 세워진 돌집에서 살고 있었다. 이 집은 지진이나 큰 불에도 견디냈고 다음에 올 천재지변에도 끄떡하지 않을 만큼 튼튼한 집이었다.

맥카시 부인이 무시무시한 사건을 체험하게 된 것은 1939년에 시작되었으나, 당시 갓 결혼한 그녀는 플로리다주의 탬퍼시에서 살고 있었다.

그녀 자신이나 다른 사람들도 뜻밖의 일로 생각했으나 그녀는 갑자기 심장의 발작을 일으킨 것이었다. 의사가 불려오고 면밀한 진단을 마친 뒤 그녀의 죽음이 선고되었다.

얼굴에 흰 이불이 씌워지고 의사는 젊은 남편에게 위로의 말을 했다.

그런데 그동안 참으로 이상한 일이지만 그녀는 몸을 꼼짝할 수 없었는데도 그들이 주고 받는 말소리를 모두 들을 수 있었다. 실제로 눈은 감겨 있는데, 그녀는 주위의 광경을 모두 볼 수 있었을 뿐만 아니라 자기의 몸이 약 2인치나 떠오른, 매우 이상하기 그지없는 상태에 놓여 있음도 알았다.

또한 그녀는 자기의 입을 통해 옷을 벗은 그녀 자신의 매우 작은 육체의 복체(複體)가 빠져 나가는 것을 느낄 수 있었다.
 그녀는 천장 한 구석에 올라가 그곳에 서서 내려다 보고 있었다. 바로 밑에 그녀의 죽음을 슬퍼하는 사람들이 있었는데, 그중에는 하숙집 아주머니도 있었다.
 맥카시 부인은 손을 흔들고 그녀를 깜짝 놀라게 하면 얼마나 신날까 하고 생각했다. 하숙집 아주머니가 기겁을 하고 방에서 뛰어나갈 광경을 보게 된다는 것을 상상하니 부인은 재미있어졌다. 하지만 그녀는 진지하게 생각하고 별안간 내려가서는 콧구멍을 통하여 다시금 몸 안으로 돌아왔다. 분명히 콧구멍으로 들어간 것으로 생각한 것이었다.
 그녀의 육체는 다시 따뜻해지고 그녀는 도저히 참을 수 없어 웃음을 터뜨리고 말았다. 곧 의사는 그녀에게 주사를 놓으려고 하였으나 그녀는 그것을 거절하고 그 대신 그동안 자기에게 어떤 일이 일어났었는지를 설명했다.
 의사는 고개를 저었다. 하지만 그는 눈을 크게 뜬 채, 맥카시 부인이 의학적으로 죽은 상태에 있는 사이에 일어난 사건을 되풀이 하여 말하는 것을 듣고 있었다.
 "돌아가는 길에 장의사에 들러, 그곳에 사망증명서를 전하겠습니다."
 하고 의사는 그녀의 남편에게 말했던 것이다.
 "이렇게 젊은 나이에 죽다니!"
 하고 남편도 깊이 슬퍼하고 있었다. 그때 부인의 나이는 불과 19세였던 것이다.
 그녀는 자기가 잠간 천장에 머물러 있는 동안, 의사가 아마 어떻게든지 소생시켜보려고 그녀의 팔을 움직이고 있었던 것을 느끼고 있었으며, 만약 그때 자기 몸으로 돌아간다면 틀림없이 아픔을 느낄지 모른다고 망설이고 있었다. 하지만 팔에 통증은 느끼지 않았었다. 그런데 매우 이상한 생각이 그동안 그녀의 가슴 속에 있었다.

"이 사람은 무엇인가 잊어버리고 있는 거야……. 내가 하지 않으면 안될 의무가 있다는 것을 잊어버리고 있는 거야…… 하지만 내게는 그것이 무엇인지 알 수 없어."

아마 그녀가 아직 살아 있는 이유는 그 의무때문인 것 같았다.

그런데, 맥카시 부인의 어머니는 심장병 환자였다. 하지만 이 사건이 있은 뒤 어머니의 병세(病勢)도 훨씬 좋아지게 되었던 것이다.

오랜 동안, 프롤라인·맥카시는 초능력을 발휘해 왔던 것이다. 그 능력은 자기가 체험한 일이 없는 사건이나, 가 본 일이 없는 곳을 미리 알고 있다는 간단한 일에서부터 자기가 사랑하고 있는 사람에게 일어날 사고를 예언하고 재난을 당할 가족들을 살리기 위하여 그 재난을 미리 아는 것 등 매우 범위가 넓은 것이었다.

그녀의 아버지인 오라우스·스텐버그는 노르웨이에서 태어나 두 살 때에 미국으로 건너와 은둔 생활을 하기까지의 오랜 동안을 호텔 업무에 종사하고 있었다. 그는 만족스럽고 충실된 인생을 보냈고 1946년 79세의 나이로 이 세상을 떠났다.

그가 죽은 지 한 달 뒤, 작고한 아버지가 소유하고 있던 그로오브·스트리트에 있는 집 4층에 있는 자기 방에서 맥카시 부인은 잠을 자고 있었다.

그녀는 도저히 잠을 이룰 수 없어서 꾸벅꾸벅 졸고만 있으려니까 문에 노크 소리가 들려와 눈이 떠졌다.

그녀는 일어나서 사방을 둘러보았다. 이게 웬일일까, 그녀의 돌아가신 아버지가 열린 문으로 얼굴을 내밀고 있는 것이 아닌가!

"있었구나, 플로렌스!"

그런데 맥카시 부인의 세례 이름은 플로렌스이지만, 그녀는 이 이름을 좋아하지 않고 플로라인이라고 불러 주는 것을 좋아했다. 하지만 그녀의 아버지는 그 일을 재미있어 하고 그녀를 놀려 주려고 할 때는 곧잘 그녀를 플로렌스라고 부르곤 했던 것이다.

새벽 2시쯤 되었을 무렵이었다. 스텐버그씨는 딸의 방으로 들어오더니 침대 가까이에 서서 그녀를 보는 것이었다.

"어디 있는지 알 수 없지 않느냐."

하고 그는 말했다.

이제 완전히 잠이 깬 맥카시 부인은 아버지의 유령을 천천히 관찰했다. 아버지가 트위이드의 외투를 입고 늘 입는 샤쓰에 넥타이를 매고 모자까지 쓰고 계신 것을 그녀는 알 수 있었다.

그는 모자를 벗고 손을 주머니에 넣었다. 이상하게도 그녀는 그의 모습을 '투명하게' 볼 수 있었다. 그의 온몸은 매우 아름다운 푸른 빛으로 싸여 있었고 그렇기 때문에 방 전체가 환해 보였다.

"아빠, 이리 오셔서 앉으세요."

라고 그녀는 말하고 긴 의자를 가리켰다. 아버지가 돌아가셨다는 사실을 분명히 알면서도 전혀 무섭다는 생각은 들지 않았다. 하여튼 그 감정은 그녀에게 있어 극히 자연스러운 것처럼 느껴졌던 것이다.

그녀는 영적인 현상(現象)에 대하여 들은 일이 있지만, 그와 같은 것을 집안에서 이야기하거나 믿는 환경 속에서 자란

것은 아니었다.
 유령은 걸어오더니 긴 의자에 앉고 앞에 있는 스툴(의자) 위에 두 다리를 얹었다. 생전에 그가 곧잘 하던 버릇이었다. 그것은 그의 의자였던 것이다.
 "서류를 찾고 있는 게 아니냐? 플로라인."
 하고 아버지는 말했다.
 "예, 아빠."
 그녀는 고개를 끄덕였다.
 "그 서류가 보이지 않아서 그래요."
 "아랫층의 내 침실에 가서 제일 윗서랍을 열어 보아라."
 하고 아버지는 그녀에게 가르쳐 주었다.
 "그 서랍 밑에 서류는 풀로 붙여 있단다. 그리고 편지도 있을 거야."
 목소리는 보통 때와 조금도 다름없이 생전 그대로 분명하였었다.
 "아빠, 무엇 좀 덮어드릴께요."
 하고 그녀는 생전에 그렇게 했듯이 아버지의 다리에 옷을 걸쳐 주었다.
 옷이 아버지의 다리에 닿는 순간 유령은 사라지고 말았다. 마치 한 가닥 연기처럼——.
 "꿈을 꾼 것일까?"
 하고 그녀는 자기 자신에게 물어보았다.
 그렇지 않으면 실제로 있었던 일이었을까? 하고 그녀는 갈피를 잡을 수 없었다. 잠이 깨어 있었던 것만은 분명했다. 하지만 아직 자기가 꿈을 꾸고 있는 건지 아닌지 분명치 않았다.
 자기는 지금 꿈 속에서 꿈을 꾸고 있다는 손쉬운 이유를 붙이고 아무 것에도 손을 대지 않고 곧장 침대로 돌아가기로 하였다. 그녀는 곧 잠이 들고 말았다.

아침이 되어 잠을 깨자 그녀는 방 안을 조사해 보았다. 이 방에 들어올 때 꼭 닫았던 문이 반쯤 열려 있었다. 그녀의 옷은 긴 의자 위에 얹혀 있었다. 가까이 가서 보니 그 옷은 두 다리 위에 걸쳤을 때의 형상 그대로 있는 것이 아닌가! 그녀는 아버지가 찾아온 꿈을 꾼 것이 아니었던 것이 분명했다.

그녀는 아랫층으로 뛰어 내려가 아버지가 가르쳐 준 서랍을 찾았다. 그 안쪽에 없어졌던 서류가 있었다. 이들 서류는 그녀의 아버지의 탄생과 국적을 증명한 것으로 부동산 등기에는 없어서는 안될 중요한 서류였다. 아버지가 말한 편지도 있었다.

그 편지는 아버지가 딸에게 보내는 아름다운 이별의 편지였다. 스텐버그는 그 기나긴 생애를 통하여 영혼불멸의 가능성을 단 한번도 가볍게 여긴 적은 없었다.

가족들은 플로라인이 체험한 것을 인정하려고 하지는 않았으나, 그것은 생전에 아버지와 딸이 친밀하게 맺어졌었기 때문에 그녀에게만 아버지가 나타난 것에 지나지 않았다.

이 세상에 대한 미련이라는 현실적인 필요성이 있었다는 사실에 덧붙여서, 죽은 사람은 그가 가장 친근감을 품고 있는 사람 앞에만 자기의 모습을 나타내는 것이다.

제 6 장
산 사람을 구하는 죽은 영혼

1. 확인된 영혼

　멀리 저 세상으로 떠난 사람이 산 사람 앞에 나타나 보이는 것은 그들의 생명이 다른 세계에서 계속되고 있다는 것을 알리기 위한 일이거나, 또는 속세(俗世)에서 어떻게든 이루고 싶었으나 미완성인 채로 남겨둔 일을 못잊어 나타난다는 실례를 앞의 장에서 설명했다.
　이와 같이 나타나는 영혼은 사랑하는 사람이나 친구의 생명에 있어서 위기가 닥치거나, 또는 그들이 도움을 요청하는 경우 외에는 그들은 송신을 보내지 않는다. 이것은 영계통신(靈界通信)에 있어서 일종의 법칙인 것이다.
　수많은 기록의 예를 보더라도 죽은 사람들이 뒤에 남기고 온 사람들에게 많은 관심을 갖고 있다는 것을 알 수 있다.
　무엇이 그들을 그렇게 시키고 있는 건지 이것은 토론할 여지가 충분히 있는 것이다.
　속세에 남기고 온 사람들을 지켜 주거나, 관심을 기울이는 것으로 그들이 보답을 받는다는 '저승'의 법칙이 있는 것일까? 그들은 그 미덕의 행위 그 자체 안에 보답이 포함되어 있기 때문에 그렇게 하는 것일까?
　그들은 자아(自我)가 중요하다는 것을 인정한 것이 동기가 되어 이와 같은 인연을 끊지 못하도록 강요당한 것일까?

그들은 가족들이 계속 유지하고 있는 이승 생활에서 따돌림을 당하기를 원하지 않고 있는 것이나 아닐까? 혹은 살아 있는 사람이 강렬하게 그들의 도움을 필요로 하기 때문에 중개 역할을 해 달라는 간절한 요구에 의해 중개를 하도록 잡아당겨지기 때문인 것일까?

이런 종류의 통신이 이루어지는 시기와 빈도는 그들이 절박한 위기나 장래에 처하게 될 위험에 직면하고 있는 사람에게 경고하기 위하여 나타나는데 여기에는 일정한 법칙이 있다고 나는 생각하게 되었다.

이 법칙의 자세한 내용에 대해서는 쉽사리 알 수가 없고, 누가 그 법칙을 처음으로 만들었고 누가 그 창시자를 만들었는가는 더구나 밝혀내기 어려운 문제인 것이다.

그러나 그와 같은 법칙이 존재하고 있으며 산 사람의 일신상의 문제에 대해 죽은 사람이 사실상 관심을 쏟고 있다는 분명한 실례가 있다는 것을 합리적, 조직적으로 예시하면 그것으로서 충분한 것이다.

이런 종류의 관심거리는 여러 가지 형태를 가지고 나타나지만, 일반적으로 이런 것이라고 단정할 수 있는 것은 영계 통신을 통해 얻은 지식을 바탕으로 살아 있는 사람에게 어떠한 이익을 주었느냐 하는 사실이다.

이것은 재난을 미리 알려 주는 경고일 때도 있고 변경될 수 없는 미래의 사건을 미리 예언하는 일일 수도 있을지 모르나 인간이 불특정한 미래에 무엇이 있는지를 미리 안다면 인간이 받는 타격은 훨씬 가벼워질 수 있는 것이 사실이다.

살아 있는 사람에 대한 영혼의 관심이란 그다지 눈에 띌 만한 것이 아니고 단지 다정하게 지켜보는 정도인데, 어떤 일이 그의 주변에 일어나고 있는가, 괴로워 하고 있는 사람에게 어떻게 용기를 주며 격려할 수 있을까, 하는 수준인 것이다. 그러나 형제애와 같은 혈육적인 애정이 아니라 보이지 않는 곳에서 당신들을 지켜 주고 산사람은 외로운 존재가 아니며, 사람의 힘보다 더 큰 힘이 있다는 따뜻하고 흐뭇한 인상을 주는 것이 영계(靈界)의 통신인 것이다.

다행하게도 친족 중 죽은 사람이 관심을 기울일 때, 산 사람은 이것을 자연스러운 것으로서 받아들이고 여기에 따라서 살아가야만 된다.

물론, 영적인 파수병(把守兵)에게 무슨 일에나 복종해야만 되는 것은 아니고 자기가 가장 좋다고 생각되는 현실적인 결단을 내려야만 된다. 그럼에도 불구하고 때로는 장막 저편에 있는 보다 큰 지식이, 산 사람으로 하여금 산 사람 자신의 문제를 보다 잘 이해시키고 그렇게 함으로써 보다 나은 판단을 하기 위한 자료를 그들에게 주는데 도움이 되는 수도 있는 것이다.

해리·클라아크 부인은 펜실버니어주의 어느 큰 도시 근처에서 살고 있었다. 조상은 아일랜드계 영국 사람으로서 그녀는 조오지 3세로부터 그곳에 땅을 받았다는 북캐롤라이너주에서 태어난 유서 깊은 집안의 출신이다.

영적인 능력은 그녀의 가족들 사이에서도 알려져 있었으나, 그 능력은 주로 어머니에게서 물려받고 있었다.

전문학교에 들어간 지 1년 뒤 클라아크 부인은 아주 능숙한 임상 간호원이 되었다. 그녀는 펜실버니어주 출신의 한 병사와 결혼하여 아들 다섯을 낳았는데, 장남은 스물 세살에 결혼을 했다.

그녀는 이따금 투시체험을 했지만, 그녀가 '저승'으로부터 찾아온 사람을 처음 본 것은 11세 때의 일이었다. 그 당시 큰어머니가 가족들과 함께 살고 있었고 어머니가 일하러 나가 있는 사이에 아이들을 돌보고 계셨다.
 하지만 큰 어머니는 그다지 건강한 편이 아니었으므로 항상 누군가가 곁에 함께 있어야만 했었다.
 그들은 함께 책을 읽거나 바느질을 하거나 하였다.
 두 사람은 깊이 정이 들고 말았다. 큰어머니가 세상을 떠나기까지 클라아크 부인은 어머니의 방에서 잠을 잤었는데 큰어머니가 죽은 뒤에는 그녀가 큰어머니의 침실을 쓰게 되었다.
 장례식이 끝나고 몇 주일 지난 뒤, 그 당시 11세였던 클라아크 부인이 집의 현관에 앉아 있으려니까 자기의 이름을 부르는 소리가 들려 왔다. 힐끗 쳐다보니 죽은 큰어머니가 반쯤 열린 문 근처에 서 있는 게 아닌가!
 "그레첸! 잠깐 이리로 들어오지 않겠니? 너에게 꼭 할 말이 있단다."
 큰어머니는 생전에 클라아크 부인의 귀에 익은 바로 그 목소리로 그렇게 말하는 것이었다. 그래서 솔직히 말해서 전혀 무서워하지 않고, 열 한살의 소녀는 곧 큰어머니가 손짓하는 대로 집안으로 들어갔다. 하지만 그녀가 문 근방에 이르자 큰어머니의 유령(幽靈)은 천천히 사라지고 만 것이었다.
 큰어머니는 그녀와 사이가 좋았던 어린 조카딸에게 도대체 무슨 말을 하고 싶었을까. 자기의 생명은 아직도 계속되고 있으며 지금도 계속 당신들의 가족을 돌봐주고 있어요, 하는 말이라도 하고 싶었던 것일까?
 이 사건이 있은지 몇 주일이 지난 뒤, 맥신·하치라는 그녀의 여자 친구가 함께 영화를 보러 가지 않겠느냐고 부르러 왔었다.

두 소녀가 떠나려고 한 바로 그 순간에 클라아크 부인은 누가 자기의 이름을 부르는 소리를 들었다.

영화를 구경보러 가는데에만 정신이 팔린 그녀는 자기를 부르는 소리를 무시하려고 하였다. 하지만 그 소리는 계속 그녀의 이름을 부르는 것이었다.

"그레첸! 그레첸"

"어머니가 너를 부르고 계신다 얘!"

이렇게 맥신은 말하고, 걸음을 멈추었다.

하는 수 없이 두 소녀는 부엌으로 돌아와 보니 그녀의 어머니는 접시를 씻고 있었다. 그러나 어머니는 그녀를 부른 일이 없었다고 하였다.

그때 집안에는 이 세 사람 외에는 아무도 없었던 것이다. 하지만 그레첸은 죽은 큰어머니가 불렀다는 것을 알고 있었다.

세월이 흐름에 따라 큰어머니는 자기가 늘 집 안에 있다는 것을 더욱 더 그녀가 느낄 수 있도록 하였다. 그녀는 자기가 무덤에 묻힌 채로 집안 식구가 잊어버리는 것을 바라지 않고, 이 집안의 가사(家事)를 돌보는 일은 그녀의 의무며, 나아가서는 권리이기도 했지만 그 일을 계속할 것을 고집했던 것이다.

밤이면 그레첸은 손가락으로 테이블을 똑똑 두드리는 소리를 곧잘 듣곤 하였었다.

그 소리는 큰어머니가 생전에 테이블을 두드리던 바로 그 소리였던 것이다. 또한 큰어머니가 그녀의 침대 옆에 서서 그녀를 내려다보고 있는 모습을 자주 보곤 하였다. 그레첸은 혼자서만 이런 큰어머니의 모습을 본 것은 아니었다.

어머니의 친구인 메리·린치라는 여인이 한 번 그녀와 함께 침실에서 잔 일이 있었다. 메리도 보이지 않는 손가락이 테이블을 두드리는 소리를 들었다고 하였다.

죽은 큰어머니의 영혼이 너무 끈질기게 따라다니므로 견딜 수 없는 일도 있었다. 사실 이일은 도저히 견딜 수 없었던 것인데, 일정한 날짜가 되면, 큰어머니가 그녀의 신변에 어슬렁거릴뿐 아니라 그녀가 하는 일에 몹시 관심을 기울이며 지켜보고 있어서 어떤 방법으로든 떨쳐 버리려고 해도 자꾸만 나타나는 것을 그녀는 느끼는 것이었다.

이와 같이 그녀가 큰 어머니에게서 당하는 압박감이 너무도 강렬한 경우에, 그레첸은 큰어머니의 낡은 편지들을 팽개치고 신선한 공기를 마시기 위해 집 밖으로 도망치듯 나가는 것이었다. 그곳까지는 큰어머니도 그녀를 쫓아오지 않는 것을 알고 있었던 것이었다.

세월이 흘러 그레첸은 해리·클라아크 부인이 되고 부부는 현재 살고 있는 펜실버니어주에 집을 지니며 살게 되었다.

처음에 클라아크 부인은 그 집에는 예전의 집주인 중의 누군가에게 붙어다니던, 다시 말해서 집에 딸린 유령이 아무래도 있는 것 같다고 생각했었다.

그 집 자체는 1904년에 웨스팅하우스 회사의 공단지(工團地) 일부로서 건축된 것이었다. 그 집은 그 회사의 사택인 때도 있었으나, 1920년에 그 회사가 부동산 업무에서 손을 떼게 되자 그들 가옥들은 개인 소유로 바뀌게 되었다.

그런 탓으로 계속하여 지금 클라아크 부부가 살고 있는 집에는 많은 사람들이 이사가고 또 이사와서 살았었다는 이야기가 된다.

몇 사람의 여성이 그 집 3층에서 죽은 일이 있고, 그곳에 클라아크 부부가 살게 된 뒤부터 영적인 현시(顯示)를 볼수 있는 중요한 장소가 되고 말았다.

하지만 죽은 여성 가운데는 흔히 유령현상을 일으키는 요인이 되기 쉬운 급사라든가, 비참한 상황 속에서 죽은 사람은 한 사람도 없었다.

물론, 그 집이 세워졌던 당시는 사택이어서 그 당시의 주민들 사이에 어떤 일이 있었는지 기록이 남아 있는 것도 아니고 당시의 상황은 알아볼 방법도 없었다.

이 집이 세워진 당시의 주민들 가운데 한 사람이 아마 무슨 비극 속에 말려들어서 죽었고, 그 방황하는 영혼이 아직 집안에 남아 있을 것이라고 클라아크 부인은 생각했다.

부인의 신념은 어린 시절에 작고하신 큰어머니와 만나는 횟수가 거듭됨에 따라 더욱 굳어만 갔다. 결혼한 뒤, 몇 군데로 이사를 다녔으나 어릴때에 체험한 영적인 현상만큼 강력한 것을 달리 느껴 본 일은 없었던 것이다.

그녀의 투시력은 어디에 있어도, 어떤 형태의 것이든, 활발하였으나 초자연적 체험을 하지 못한 채 현재에 이르고 있는 것이다.

그리고 지금 살고 있는 이 집의 영적인 현상에 대한 이야기이지만, 누가 있을 까닭이 없는데 3층에서 발소리가 나고 그 발소리가 계단을 내려온다는 형태를 취하는 것이 주된 현상이었던 것이다.

1961년, 클라아크 부인은 그 눈에 보이지 않는 손님이 아무래도 여성인 것 같다는 것을 알게 되었다.

그녀의 아들 가운데 매우 건강이 좋지 않은 아이가 있었다. 그 사내애는 생후 6주일 후에 큰 외과수술을 받은 일이

제6장 산 사람을 구하는 죽은 영혼   143

있었다.
 어느 날 밤, 클라아크 부인은 그 어린애가 우는 소리에 잠이 깨었다. 하지만 잠이 깬 것과 동시에 그녀는 또 한 사람의 다른 목소리를 들은 것이었다. 마치 아기를 달래듯이 가만히 노래를 부르고 있는 것이었다. 누구일까? 하고 이상하게 생각한 부인은 일어나 아기 방으로 들어갔다.
 난간이 달린 어린이용 침대 근처에 한 사람의 여성이 서 있었다. 아름다운 얼굴 모습의 몸집이 작은 여성으로 1차대전 시절에 유행됐으리라고 생각되는 옷을 입고 머리 모양도 그 옷매무새에 맞게 빗고 있었다.
 그 옷은 연한 초록색으로 검은 마디끈과 금빛 실로 엮은 단추로 가장자리를 두르고 있었다. 레이스가 달린 블라우스를 입고 있었고 2인치 폭으로 접어든 당시에 유행됐던 무릎께가 몹시 좁은 스커트를 입고 있었다.
 낯설은 여성이 나타난 데 대해 조금도 두려워 하는 빛을 보이지 않고 클라아크 부인은 가까이 다가갔다. 부인은 침대 곁으로 다가가자, 그녀는 생긋 웃음짓더니 부인에게 아기의 형편을 잘 살피게 하도록 한편으로 비켜서는 것이었다.
 부인이 다시 시선을 들어 쳐다보니 그녀의 모습은 사라지고 없었다. 그녀는 이제 모습을 보일 필요가 없었던 것이다. 어머니가 자기 아기의 상태를 살피러 왔으니 말이다.
 그것이 맨 처음에 있었던 일이었고, 그 뒤에도 부인은 몇 번인가 그 여성을 보곤 하였다. 아기의 방에 나타나는 일도 있었으며, 3층 계단을 오르내리기만 하는 일도 있었다.
 그 뒤 부인에게 또 한 아기가 태어났다. 그러자 그 알지 못하는 여성도 아기가 태어나는 것과 때를 같이 해서 다시 나타난 것이다.

마치 애들을 귀여워 하고 그들의 시중을 들어주는 것이 매우 자연스러운 일처럼 말이다. 하지만 이 여성은 도대체 누구일까?

1967년 가을, 부인의 다섯살 짜리 아들이 병에 걸렸다. 그 때 아들은 어머니에게 늘 와서 노래를 불러주는 그 아줌마가 누구냐고 물어보았다. 그리고는 묻지도 않는데 그 여자에 관한 일을 어머니에게 말하는 것이었다.

부인은 그녀에 관한 일을 이 아들에게 한 번도 말한 일이 없었으나, 이 아들도 3층에 나타나는 여자의 모습을 보았다는 것을 비로소 알게 되었다.

그렇게 되자 비로소 부인은 아무래도, 이 여성은 이른바 집에 붙어 있는 유령이 아니라 자기 가족에 대하여 염려해 주는, 오래 전에 작고한 집안의 누군가가 아닐까 하는 생각이 들었다. 하지만 아무리 해도 그것을 확인해 볼 방도가 없었다.

장남인 로니와 그의 아내 셔리가 크리스마스 휴가를 보내기 위하여 시댁에 찾아왔을 때 또 문제가 생겼던 것이다. 셔리는 정식으로 자격증을 받은 간호원으로, 비합리적인 일은 믿지 않는 여성이었다.

그런 탓으로 클라아크 부인은 며느리에게 영적인 체험에 관하여 말하거나 이 집 3층에서 일어나는 이상한 현상을 가르쳐 주는 일은 적당하지 않은 일이라고 판단을 내렸다.

젊은 부부는 도착하자 바로 3층의 침실로 안내되었다. 여행을 하느라고 몹시 피곤해 보였던 탓이었다. 그곳은 거리의 소음이 들리지 않는 곳이었으므로 마음 놓고 푹 쉬기에는 안성맞춤이라고 부인은 생각한 것이었다.

그 방은 비교적 넓고 지붕으로 뚫린 창을 끼고 양쪽에 침대가 하나씩 놓여 있었다. 젊은 부부는 각각 침대에 갈라져서 잠을 잤다. 그들은 곧 깊이 잠이 들었다.
 그 다음 날 아침——토요일 아침이었는데, 아들인 로니가 조반을 먹으러 맨 먼저 내려왔다. 그와 부인이 부엌에서 커피를 마시고 있는데 셔리도 내려왔다.
 그녀의 안색은 매우 좋지 않았고, 핼쑥해 보였다.
 클라아크 부인이 커피를 따라 주자 셔리는 시어머니를 보고 말했다.
 "어머니, 혹시 밤중에 볼 일이 있으셔서 저희 방에 오시지 않으셨던가요?"
 "아니다, 내가 무엇 때문에 너희들 자는 방에 간단 말이냐?"
 하고 부인은 대답했다.
 "여보! 당신 밤중에 일어났었어요?"
 하고 셔리가 이번에는 남편에게 얼굴을 돌리고 말했다. 그러자 그는 아침에 잠이 깰 때까지 한 번도 일어난 일이 없다고 잘라 말했다.
 "그래요?"
 그녀는 숨을 죽이고,
 "그렇다면 정말 이상한 일이네요?"
 하고 말하는 것이었다.
 그녀는 한밤중에 자기의 이름을 부르는 소리에 잠이 깨었다. 완전히 잠이 깨었을 때 그녀는 침대 옆에 서 있는 한 여자를 보았다. 그 환영(幻影)이 어떻게 해서 사라졌는지는 정확한 기억이 없으나 매우 피곤했으므로 곧 또 잠이 들고 말았다. 그리고는 더 이상 아무런 일도 일어나지 않았다.
 그녀는 자기가 본 일에 대하여 확신을 가지고 있었다. 그것은 꿈이 아니었으며 사실로서 보였던 것이다. 하지만 저 알지 못하는 여자는 누구였단 말인가?

젊은 부부는 이틀 뒤에 다시 돌아갔지만, 그 사건에 대해서는 그 이상 아무것도 말하지 않았다.

크리스마스로부터 3주일 뒤, 클라아크 부인은 1주일 예정으로 북캐롤라이너의 그녀 어머니의 집에 다니러 갔다. 도착하여 어머니와 이 이야기 저 이야기로 이야기꽃을 피우고 있다가, 어머니는 최근에 지붕의 다락방에 있는 낡은 트렁크에 넣어 둔 물건을 찾았을 때의 일을 이야기했다.

여러가지 물건이 들어 있었으나 그 중에 뜻밖에도 할머니의 작은 사진이 들어 있는 것을 찾아 냈다는 것이다. 만약 딸이 갖고 싶으면 기꺼이 주겠다, 할머니인 루커스는 늘 너의 집 일을 걱정하고 있었으니까, 네가 가져 간다면 틀림없이 기뻐하실 거다, 하고 어머니는 말했다.

클라아크 부인은 고맙다는 인사를 하고 그 사진을 받아가지고 펜실버니어의 자택으로 돌아왔다. 그녀는 마땅한 액자를 찾아낼 때까지 두어 둘 셈으로 그 사진을 옷장 위해 놓았다. 하지만 이틀 동안 그곳에 놓아 두기는 하였으나 오래된 사진이 더 이상 더럽혀져서는 안되겠다는 생각에 옷장 맨 위의 서랍에 넣어 두었다.

그날 밤 클라아크 부인이 막 잠이 들었을 때, 방안에서 콧노래를 부르는 소리가 들려와서 눈을 떴다. 분명히 눈을 떴는데 방안에 안개와 같은 것이 가득차 있다는 것을 알게 되었고 방구석이 보이지 않았다.

그러자 바로 그녀의 할머니가 넓은 홀 쪽에서 걸어와 그녀의 침대 옆에 서는 것이었다. 완전히 잠이 깬 클라아크 부인은 팔꿈치를 괴고 상반신을 일으켰다.

유령에게 그녀가 잠을 깨고 관찰을 하고 있다는 것을 알려 주기 위함이었다. 곧 유령은 방향을 바꾸어 부인의 옷장 위로, 이틀 전까지 사진이 놓여 있던 바로 그곳에 한쪽 손을 얹었다가, 뒤돌아 서서 클라아크 부인을 똑바로 보았다.

클라아크 부인은 그녀의 할머니가 무엇을 요구하고 있는지 이해할 수 있었다. 그녀는 곧 침대에서 내려와서 서랍 속의 사진을 꺼내어 먼저대로 옷장 위에 다시 놓았다. 그렇게 하자 유령은 미소를 지으며 방에서 나가 버렸다. 방안의 공기는 깨끗해지고 콧노래도 멎었다.

클라아크 부인은 그때까지도 몇 차례인가 할머니가 집 안에 나타난 것을 알고 있었으나 이렇게 똑똑히 본 것은 처음이었다.

부인은 할머니인 루커스가 아직도 그녀 자신을 가족의 일원으로 생각하고 그 생활에 항상 관심을 가지고 있다는 것을 알 수 있었다.

클라아크 부인의 며느리 앞에 모습을 나타낸 것도 이런 이유에서였던 것이다. 그녀를 무섭게 하기 위해서라든가, 이 세상에서 못다한 일이 있어서 그 일을 마치 끝마치려는 의도에서 나온 것이 아니라, 단지 그녀에게 자기가 마음을 쓰고 있다는 것을 알려주기 위한 것에 지나지 않았던 게 분명했다.

가족의 일원으로서, 물건이 가득차 있는 서랍 속에 자기의 사진이 쳐박혀 있다는 일에 자기만이 좀 격리당한 듯한 생각이 들었던 것이다. 특히 사진이 발견되어서 처음에는 몹시 기분이 좋았었던 만큼 더욱 더 마음이 아팠던 것 같다.

이 사진이 나올 때까지 부인은 그 여자가 누구인지 확인해 볼 방도가 없었지만 이제야 그녀가 다른 사람이 아닌 바로 할머니이며 가족들을 지켜 준다는 것을 깨달았던 것이다.
 사람을 두고 싶어도 마땅한 사람이 없고 가정에 설사 사람을 둔다고 해도 돈이 들뿐더러 신용도 할 수 없는 현대 생활에서, 아무런 보수도 필요 없는 집안 사람이 가족의 안부를 걱정하며, 집 안에 있어 준다는 사실을 알고 언짢은 생각은 전혀 들지 않았다. 부인은 유령이 있다는 것을 전혀 염두에 두지 않게 되었다.
 하지만 그 유령은 저 사진사건이 있은 뒤로 모습을 나타내지 않는 것이었다. 로엔그린과 같이, 일단 인정을 받으면 클라아크 집안에 도움이 되어 줄 수 없게 된 것일까? 그렇게 생각해도 되는 것일까? 그 일은 더 세월이 흐른 뒤가 아니고는 알 수 없을 것이다.

2. 근친 유령의 보살핌

캘리포오니아에 사는 베티·스와프 부인은 심령에 관해서 전혀 무관심한 여성이었다. 1957년에 아버지가 세상을 떠나자 그 죽음을 슬퍼하기는 하였으나 한편으로는, 그녀의 어머니가 그 뒤에 살아 가는데 경제적으로 별 지장이 없다는 것을 알고 마음이 놓였던 것이다.

그래서 설령 따로따로 어머니와 헤어져 살고는 있어도 그녀는 어머니의 일을 필요 이상으로 걱정하지 않고 그날 그날을 보낼 수 있었다.

그런 뒤, 얼마 있지 않아서 그녀는 매우 분명하게 돌아가신 아버지의 환영(幻影)을 보았던 것이다. 그것은 도저히 꿈이라고는 생각할 수 없을 정도로 똑똑했었다. 꿈이건 환영이건 어느 쪽이던 간에 죽은 아버지는 하얀 셔츠를 입고 푸른 바지를 입은 모습으로 서 계셨다. 그는 명랑하고 매우 건강해 보였다.

"어머니는 별고 없이 지내나?"

하고 아버지는 물어보았다.

스와프 부인은 모든 게 다 잘 되어 가고 있노라고, 아버지에게 큰소리로 대답했다. 그러자 환영은 사라졌다. 하지만 며칠이 지난 뒤, 어머니로부터 전화가 걸려 왔다. 큰일을 당했노라고 말하는 것이었다.
 누군가 그녀의 은행 보관금고 안에 가장해서 들어가 귀중한 증서를 두 장이나 훔쳐갔고 아직 아무런 단서도 못잡았다는 것이다.
 더구나 현금과 공채도 누가 집어가서 경제적으로 위기를 당하고 있다는 것이었다.
 갑자기 스와프 부인은 돌아가신 아버지가 나타나셔서 어머니를 걱정하던 까닭을 알게 되었다. 유령은 부인이 그 사건을 알기 전에 무슨 일이 일어날 것을 이미 알았던 것이다.
 작고한 아버지가 다시는 그녀 앞에 나타나지 않았다. 하지만 3개월 뒤에 이상하게도 두 장의 증서는 보관 금고 안으로 되돌려졌던 것이다.
 이것도 오늘날에 이르기까지 스와프 부인의 풀 수 없는 수수께끼이지만 돌아가신 아버지가 지금까지도 자기들 가족의 일을 걱정하고 있다는 것을 알고 기뻤던 것만은 사실이었다.
 할아버지나 할머니가 아들이나 손자의 일을 염려하여 그들의 주변에 맴돌고 있다는 것은 잘 알려진 흔히 있는 일이다. 죽음이 제2의 세대(손자)로부터 조부모를 떼어 놓았을 때, 애들을 지켜 주고 싶다는 생각이 매우 강렬해지는 경우가 있을 것이다.
 매서츄세츠주의 캐롤·스코트 부인을 예로들어 이야기를 들어보자.
 1963년, 그녀에게 첫아들이 태어났다.
 병원에서 퇴원한 날 밤, 밤중에 문득 잠을 깨자 천장 근처에 희미한 빛이 있는 것을 알게 되었다. 그것은 아기의 요람과 침대 사이를 떠돌고 있었다.
 바로 그 순간에 그 빛은 그녀의 돌아가신 할아버지의 모습이 되어 계속 빛나고 있었다.

바로 그때 스코트 부인은 직감적으로 할아버지가 그의 증손자를 만나러 온 것이라고 느꼈다.

부인 자신이 그의 첫손녀였고, 부인의 어머니는 할아버지에게 첫딸이었던 것이다. 그러니 관심을 갖는 것도 당연한 일일 것이다.

할아버지의 얼굴이 되어 비친 것은 극히 짧은 시간이었고 곧 그것은 안개처럼 떠돌더니 곧 사라지고 말았다.

1964년 스코트 부인은 또 한 사람의 할아버지, 다시 말해서 시할아버지도 돌아가셨다. 그 뒤 곧 그녀의 할머니는 그 시할아버지의 침대를 스코트 부인에게 주었었다. 그녀의 아들이 그곳에서 잠을 자던 어느날 밤, 그 애는 '이상야릇한 꿈'을 꾸었다고 부인에게 말했다.

그의 증조할아버지가 꿈 속에서 그를 찾아와, "할아버지는 지금 천국(天國)에 있지만 행복하며 항상 너의 일을 지켜보고 있단다" 하고 말씀하셨다는 것이다. 이 '꿈'은 그 애가 잠을 잔 침대는 증조할아버지와 인연이 깊은 것이라눈 걸 전혀 몰랐기 때문에 이상야릇한 꿈으로 생각되었던 것이다.

조셉·베니커스 부인은 미국 동부의 아담한 도시에 살고 있는 부인인데, 걸스카우트 지도원이고 주일학교의 선생님이며, 선의(善意)와 건강한 마음을 지닌 부지런한 사람으로 알려진 평범한 사람이어서 환상에 빠지거나 백일몽을 꿀 여유가 있는 사람은 아니었다.

그녀는 펜실버니어에 이주해 온 네덜란드계 자손으로 이탈리아인을 조상으로 하는 철강 노동자와 결혼했었다. 취미라고는 보울링과 독서일뿐, 심령문제에는 관심조차 없었다.

그럼에도 불구하고, 내가 연구에 종사하고 있는 분야, 다시 말해서 ESP세계에 의지하지 않으면 설명할 수 없는 사건을 목격한 사람이 되었던 것이다.

그녀 부부와 아들이 한 집에서 살고, 그녀의 어머니는 건너 마을에서 혼자 살고 있었다. 하지만 거의 열흘에 한번씩 어머니가 딸의 집을 찾아오는 게 예사일이 되곤 했다.

그런 탓으로 어머니는 집안 사정을 잘 알고 있었고 늘 앞문으로 들어오곤 했다. 딸의 집을 방문하는 습관은 계속되었고 세월은 조용히 흘러간 것이다.

1948년 12월 2일에 어머니가 세상을 떠났다. 그녀는 어머니를 망각한 일은 없었으나 베니커스 집안의 사람들은 특히 깊은 슬픔에 잠기는 일도 없었던 것이다.

그녀의 죽음은 자연법칙의 하나로서 받아들여졌고 조용한 하루하루가 지나갔다.

어머니가 죽은 지 1년이 지난 어느 날, 베니커스 부처(夫妻)는 2층으로 잠을 자러 가려던 참이었다. 새벽 1시 무렵, 아들은 자기 방에서 고이 잠들고 있었다. 베니커스씨는 욕실에 있었고 부인은 "자 이제 잠을 잡시다." 이렇게 말하고 막 침대 속으로 들어갔을 때였다.

다음날은 토요일이었으므로 늦잠을 잘 수가 있었다.

이때 그녀는 아랫층의 앞 문이 열리는 소리를 들었다. 그녀의 남편도 그 소리를 들은 것 같았다. 그래서 욕실의 문께에서,

"누군가 온 것 같은 소리가 났소."

하고 말했다.

"예 저도 들었어요."

하고 부인도 대답하고 아랫층을 향하여,

"누구세요?"
하고 큰 소리로 불러보았다.
그러자 그녀의 어머니 목소리가 들려 왔다.
"나다. 그러니까, 내려오지 않아도 괜찮다. ──곧, 돌아갈 테니까."
부부는 귀에 익은 발소리가 집안에서 들리고, 여기저기 걸어다니고는 이윽고 뒷문으로 나가는 소리를 들었던 것이다.
마치 새벽 1시에 어머니가 딸의 집을 찾아오는 것은 당연한 일인 것처럼 생각해서 그때는 부부도 그 일을 당연한 것처럼 생각하고 남편은 다시 욕실로 돌아갔고 부인은 잠이 들었다.
습관의 힘이란 무서운 것이어서 생전에 어머니가 오셨을 때도 특별히 마중을 나가는 일은 없었다. 오랫동안 그렇게 지내왔던 것이었다. 두 사람은 피곤했으므로 곧 깊은 잠이 들고 말았다.
다음 날 아침 베니커스씨는 집 앞쪽과 뒷쪽의 문을 살펴보았다. 그 문은 전날 밤 그가 잠들기 전에 해놓은 것과 조금도 다름이 없이 양쪽 문이 모두 안쪽으로 잠겨져 있다.
부인이 아침 식사를 준비하러 아랫층으로 내려가자 그는 말없이 문을 가르켰다. 어머니가 죽은 지 꼭 1년이 된다는 갑작스러운 충격을 받은 것은 바로 그 순간이었다.
두 사람은 몇 번이나 이야기를 주고 받았다. 또한 그들이 들은 목소리는 어머니의 음성이었으며 생전의 음성과 아주 꼭같았다는 점에서 의견이 일치되었다.
분명히 이것은 어머니가 아직도 너희 집을 방문하고 있단다, 하고 말하고 싶어서 돌아가신 어머니가 취한 수단이었던 것이다.

그런 뒤 오랫동안 어머니의 기척은 전혀 느낄 수 없게 되었다. 아마도 그녀는 달리 해야 할 일이 있었던지 그렇지 않으면 새로운 세계에 호기심이 쏠렸던 것일까?

하지만 1967년 1월 9일, 베니커스 부인의 언니가 밤중에 잠이 깨자, 어머니가 열심히 그녀를 부르고 있는 소리를 들었다. 어머니의 부르는 소리에 대답하기 위해 그녀는 곧 침대에서 뛰어내렸다.

그녀는 그 순간에 어머니가 돌아간 지 오랜 세월이 흘렀다는 것을 완전히 잊고 있었다. 어머니의 목소리는 세 번이나 들렸고 그 음성은 괴로움으로 가득찬 목소리였다.

그녀는 딸에게 무슨 말을 호소하려고 했던 것일까? 만약 그렇다면 무슨 말을 하려고 하셨을까?──다음날 밤 베니커스 부인의 언니는 어머니의 뜻을 이해할 수 있었다. 그녀의 남편이 정말 갑작스럽게 죽은 것이다. 아마 그녀의 돌아가신 어머니는 미리 가르쳐 주는 것으로 딸이 받는 충격을 다소나마 덜어 주려고 하였던 것이리라.

죽은 사람으로부터 전해 오는 통신을 살아 있는 사람들이 항상 넓은 아량만을 가지고 반드시 환영한다고는 볼 수 없다. 가령 이와 같은 접촉은 마귀와 접하는 것과 같은 짓이며, 악마가 보낸 위험한 일이라고 생각하는 미신에 사로잡힌 사람들도 몇 퍼센트인가는 있고, 한편으로 무덤 저쪽에서 보내 오는 뜻을 거절하는 이성적(理性的)인 사람들도 아직 일부는 있을 것이다.

그러나 이런 사람들도 사랑하는 이가 다른 세계에서 계속 살고 있을 것이라는데는 의심을 품지 않으려고 한다. 다만 그들은 자기들 주변에 서성거려 주지 않기를 바랄 따름인 것이다. 갓 결혼한 딸이 사위와 잘 지내고 있는지 궁금해서 시간에 구애받지 않고 아무때나 찾아오는 친정어머니의 경우와 좀 흡사하다고 할 수 있을 것이다.

뉴져지의 머어시·클로포드 부인은 오랫동안 할아버지와 의견충돌하는 일이 계속되고 있었다. 그 할아버지가 시골 병원에서 위독하게 되었는데, 자꾸 그녀를 만나고 싶어했다.

그녀는 사실상 할아버지에게 친근감을 느끼지 못했지만 죽어 가는 사람의 마지막 소원이었던 것이다. 하지만 그녀의 어머니는 할아버지를 만나는 일을 허락하지 않았다. 그런 뒤 얼마쯤 지난 후, 그녀는 이상하고 오싹하는 느낌을 맛보았다. 나중에 그것이 바로 할아버지가 세상을 떠난 시간이었다는 것을 알았으나 그 당시는 알지 못했다.

그 당시 머어시는 소녀였는데 아저씨 부부가 때마침 태어난 아기를 데리고 집에 찾아왔을 때 그 자리에 있었다. 그녀가 무심코 얼굴을 들어보니 뒷문께에 할아버지가 이쪽을 물끄러미 바라보고 서 있는 것이 아닌가!

할아버지도 자기를 알아 봐 준 것을 느끼고 그녀가 있는 곳으로 가까이 왔다. 당연히 할아버지에게 대해 반가운 생각을 가져야 할텐데, 그녀는 단지 두려움을 느꼈을 따름이었다.

그런 일이 있은 뒤의 어느 날 밤, 그녀가 잘 준비를 하고 있으려니까 누군가가 그녀를 부르는 소리가 들려왔다. 그때 집에는 그녀 한 사람밖에 없었으므로 이상한 생각을 갖게되었다.

하지만 그녀는 아랫층을 내려가 부엌으로 들어갔는데, 그곳에 할아버지가 계셨고 그녀를 뚫어지게 바라보고 있는 것이 아닌가.

그녀가 무서워 비명을 지르자, 할아버지는 사라지고 말았다. 노인을 대우하는 예로서는 좀 심한듯 했지만 그때 집에는 아무도 없었고 머어시는 무서웠던 것이다. 그것뿐이었다.

이 환영받지 못하는 손님이 거듭 그녀 앞에 나타난 것은 그녀가 열 여섯살 때의 일이었다. 그때 그녀는 여자친구 집에 있었는데, 무심히 창 밖을 내다보고 있었다. 때마침 밖에는 그녀를 지켜보고 있는 할아버지가 서 계셨다. 그래서 그는 또 비명을 질렀다. 여전히 그녀는 영혼의 현시(顯示) 같은 것은 조금도 바라고 있지 않았던 것이다.

1964년, 남편을 만나기 얼마 전에 다시금 그녀는 할아버지를 보았다. 할아버지는 가까이 다가가서 이야기를 하려고 했으나 그녀가 비명을 지르자 전과 같이 또 사라지고 말았다.

아마도 할아버지는 영계(靈界)의 빛에 싸여 나타나는 일이 손녀딸의 마음을 평안하게 해주지 못한다는 확신을 얻은 때문이었으리라.

하여튼 그후 다시는 그는 손녀딸을 무섭게 하는 일은 하지 않았다. 하지만 이 문제는 결코 해결된 것은 아니었다.

머어시는 자주 그녀의 할아버지가 근처를 서성대고 있는 것을 느꼈고, 그녀의 이름을 큰 소리로 부르는 것을 들을 수 있었다.

그녀의 어머니는 그의 마음에 꼭 드는 딸이었던 모양이었다. 머어시는 태어나서 자라남에 따라 어머니의 어렸을 때의 모습을 꼭 닮아 갔던 것이다.

할아버지가 그녀와 영적(靈的)인 교신을 하고 싶어한 것은 이 일 때문이 아니었을까?

나는 클로포드 부인이 생각해 볼 수 있는 몇 가지 이유를 설명하고 할아버지에 대해 이해를 잘 하도록 부탁했다.

그 뒤 부인으로부터는 아무 말도 전해오지 않았다. 그러니까 나는 아마 할아버지가 단념을 했으리라고 생각했다.

3. 이상한 만남

 루시아·버레트 박사는 주로 암(癌)을 연구하고 있는 의사이다. 그녀는 유럽의 일류 대학을 졸업한 뒤, 흉부(胸部) 전문가로서의 의학적인 업적을 인정받아 왔었다.
 나이는 많았으나 매우 매력적인 여성으로 몇 개 국어를 말할 수 있었다.
 그녀의 부모는 고향이었던 비인에서 프라하로 이사했고 아버지는 일류 잡지사의 출판사 사장 겸 편집자로서 일하고 있었다. 나중에 그녀의 아버지는 베를린으로 이사했고 그곳에서도 출판사를 세워 크게 성공했다.
 버레트 박사는 이탈리아인 퇴역장교와 결혼했다. 지난 몇 년 동안은 뉴욕의 웨스트사이드에 있는 아파트에서 살고 있고 미합중국의 시민이라고는 하지만 1932년 이래로, 출국했다가는 입국하곤 했던 것이다.
 그 이전에 그녀는 푸에르토리코의 후생국에 의사로서 근무한 일이 있었다. 그녀의 주된 연구과제는 호흡조직의 암세포를 억제하는 효소를 발견하는 일이었다.
 불행하게도 뉴욕의 기후는 그녀에게 맞지 않아서 병에 자주 걸렸고, 또한 가벼운 심장발작을 일으킨 일도 있었다.
 내가 그녀를 만났을 때는 이탈리아로 귀국할 준비를 하고 있던 때였다.
 버레트 박사는 뉴욕에 있는 나의 연구소를 찾아와서 어떤 이상한 영적인 체험에 관해서 말한 다음, 그것을 설명해 주기 바란다고 말했다.
 의사로서의 그녀는 이들 사건을 표면에 나타난 것만을 보고 믿는데 있어서, 어떤 종류의 혐오감조차 느끼고 있었지만, 과학자임과 동시에 극히 논리적이기를 바라는 개인으로서 그녀의 신변에 일어난 일은 완전히 진실이며, 환각(幻覺) 같은 지나친 상상의 결과가 아니라는 것을 알고 있었다.
 이런 충격적인 사건 가운데 첫번째 사건은 1940년에 일어났다. 그때 루시아·베르치——결혼한 뒤의 그녀 이름——는 이탈리아의 티볼리에 있는 유명한 호레스 장(莊)에 살고 있었다. 제2차대전이 한창인 무렵인데, 그녀의 남편은 이탈리아의 육군 대령으로서 바쁜 군사업무에 종사하고 있었다. 부부는 티볼리로 옮겨온지 얼마 안 되어 호레스 장에 살고 있었던 것이다.
 그 당시 이 건물은 영국 부인이 소유하고 있었으나 그녀는 오랜 세월을 이탈리아 사람들 틈에서 살아 왔으므로 독재자들도 그녀를 속박하는 일은 없었다.
 버레트 박사는 그 당시나 지금이나 미국의 국적을 가지고 있었으므로 그녀의 입장에 대해서는 다소의 관심을 기울이고 있긴 했으나 그녀에게 노골적인 행동은 취하지 않았다. 이탈리아 장교의 아내로서, 그렇게 갑자기 어떤 조치가 취해지는 일은 없어 우선은 안전했다. 특히 그 무렵은 아직 미국이 참전하고 있지 않은 탓도 있었다.
 그 해 5월, 그 영국 부인은 친구를 방문하기 위해 2일동안 집을 비웠다. 그날 하루종일 버레트 박사는 혼자서 지내게 되었다. 박사는 이 '자유'를 마음껏 누리기 위해 다음날 아침, 가까운 로마에 구경가기로 정했다.

로마는 아름답고 포근한 밤이었는데, 이런 밤 때문에 이탈리아에 관광객이 더욱 많이 모여 유명해지는 것 같았다. 버레트 박사는 초저녁 창가에 서서 경치를 바라다보고 있었다.

이런 평화스런 세상에 어디에서 전쟁이 일어나고 있을까, 하고 의심할 정도로 매우 흐뭇한 기분이었다.

버레트 박사 부부는 애완용 칠면조를 기르고 있었다. 그녀는 칠면조를 보러 내려 갔다. 독창적인 로마식 토대 위에 세워졌고, 고성(古城)같은 느낌을 뚜렷이 나타낼 수 있게 만든 이 저택은 이 근처의 역사적인 명소(名所)의 하나가 되었고, 대부분의 여행안내서에 실려 있기도 한터였다.

잠시 칠면조를 상대해 준 뒤, 그녀는 자기 방으로 돌아와서 평화스러운 기분으로 잠자리에 들었다.

아침 7시에 깨어 달라고 그녀는 전갈을 했다. 그녀를 깨우는 일은 그녀 남편의 젊은 부관인 지노의 일이었다. 그런데 그녀는 아침 6시에 누군가에 의해 깊은 잠에서 깨게 되었다.

그것도 지노가 아니라 그의 졸병인 오스카에 의해서 말이다.

"일어나십시요, 여섯시입니다."

하고, 그녀의 몸을 흔들었다.

버레트 박사는 이 무례한 짓에 질겁을 하게 놀랐다.

"일곱시에 깨우라고 그랬는데."

하고 그녀는 불평했다.

"그것도 그대가 아니라 지노에게 말이야. 도대체 여기서 뭘 하는 거지? 빨리 이 방을 나가지 못해?"

그 순간에 졸병은 허둥지둥 나가고 말았다. 박사는 다시금 잠을 청하려고 하였으나 잠이 오지 않았다.
 그녀는 일어나서 셔터를 올리고 이미 환해진 바깥에 가득 찬 광선을 방안으로 들여보냈다. 이윽고 문을 열었다.
 그 문은 회식장으로 사용되었던 멘사라 불리는 길고 여유 있는 방으로 통하고 있었다. 이 별장의 구내에는 별당이 있었고 그곳에 질서있게 배열된 벤치는 이 긴 방의 벽을 따라 놓여 있었으므로 사람들은 그곳에 앉아서 기도를 드리거나 쉬거나 하는 것이었다.
 그 첫째줄의 벤치 중의 하나에 한 사람의 남자가 앉아 있는 것을 그녀는 보았다. 그는 그녀의 아버지로서 왜 그 졸병이 시간도 되기 전에 그녀를 깨우러 온 것인지 까닭을 알 수 있었다. 그녀의 아버지가 온 것을 그녀에게 알려 주기 위함이었던 것이다.
 "돌아가신 게 아니었군요."
 하고 그녀는 아버지에게 말을 하기 위해 가까이 갔다.
 그녀의 아버지는 1938년 10월에 뉴욕을 출발해서 프라하로 돌아와 있었다. 다음 해 2월에 그녀는 아버지의 애인이었던 여자로부터 그가 죽어서 매장되었다는 것을 간단히 알려 주는 전보를 받았던 것이다.
 그의 죽음을 둘러싸고 온갖 의혹이 꼬리를 물고 일어났었다. 나중에야 프라하로 조사하러 갔다가 버레트 박사는 이같은 사실을 알았던 것이다.
 자연사(自然死)가 아니라 그가 독살당했다는 말을 들었다는 증인도 있었다. 하지만 그녀가 할 수 있는 일은 아무것도 없었다. 프라하는 이미 독일군의 점령하에 있었고 묵은 상처를 건드리는 일은 어려운 일이었다.
 그녀는 유골을 확인할 수는 없었으나, 돌아가신 아버지의 사망증명서에 서명을 한 사람을 찾아냈다.
 그는 시체를 조사하지 않았다는 것을 깨끗이 인정했던 것이다. 하지만 아버지가 돌아간 날은 나치가 체코슬로바키아에 침입한 날이었다. 그는 그곳에서 나치의 '지시대로' 자살이라고 인정한 것이다.
 버레트 박사는 여기에는 아버지의 애인도 한몫 낀 음모가 개입되어 있고, 아버지는 그 각본대로 처치되었다는 의심을 지금도 갖고는 있으나 그것을 증명할 길이 없었다.
 그녀는 다시 프라하를 떠났고 이제는 아버지가 생존해 있지 않다는 확신만을 얻었을 따름이었다.
 그런데 아버지가 바로 그곳에 있는 것이다. 둘이서 산에 오르곤 했을 때, 그 행복했던 시절에 보았을 때와 똑같은 모습으로 말이다.
 그는 트위드로 만든 양복을 입고 있었다. 이 양복은 유행에 뒤떠러졌다고 해서 그녀의 어머니가 몹시 싫어했던 것이었다. 그는 고개를 숙이고 있었으므로 처음에는 얼굴이 보이지 않았다. 그는 챙이 넓은 모자를 쓰고 있었다.
 "오셨군요."
 하고 버레트 박사가 소리쳤다.
 "저는 아버지가 돌아가셨으리라고는 생각하지 않고 있었어요."
 이 순간에 그녀는 프라하에 여행을 했던 일도 아버지의 죽음을 확인했던 일도 모조리 잊어버리고 있었다. 하지만 그녀는 완전히 잠이 깨어 있었고 신경도 긴장되어 있었으며 날은 이미 환히 밝았던 것이다.
 그녀는 아버지의 얼굴을 들여다보기 위하여 무릎을 꿇었다. 그는 예전 그대로의 완전한 사람이었으며 투명해지지도 않았고 윤곽도 희미하지 않았었다. 그녀는 기쁨으로 가득찬 목소리로 그에게 말하기 시작했다.
그는 머리를 약간 쳐들었으므로 모자가 약간 뒤로 젖혀졌다. 그녀는 아버지의 이마와 얼굴을 더 똑똑히 볼 수 있었고 그의 살갗이 푸르스름한 빛을 띠고 있는 것을 알아차리고,
"편찮으시군요?"
하고, 그녀는 이 이상한 얼굴빛을 보면서 당황해서 말했다.
"그렇지 않으면 어딘가에 감금당하셨나요?"
그는 간신이 움직여지는 입을 열고 대답했다.
"그래."
이렇게 그는 말했다.
"저들이 양지(陽地) 쪽으로 데려다 주었단다. 그러니까 너는 조금도 무섭지 않겠지?"
대낮의 광선 속에서 형체화(形體化)하는 일이란 비상한 힘과 준비를 필요로 하는 것이다. 하지만 이 이상한 면회를 주선해 준 사람들은 분명히 그 방법이 훌륭하게 성공했다는 것을 목격했던 것이다.
버레트 박사는 그가 말한 것의 참뜻을 알아낼 수 없었다.
"편찮으시군요?"
이렇게 그녀는 되풀이 했다.
"누가 아빠를 이곳으로 모셔 오신 건가요?"
그녀의 아버지는 큰 방의 뒤쪽을 가리켰다. 버레트 박사는 그가 가리키는 방향으로 눈길을 돌렸다. 아버지가 앉아 있는 벤치 뒤쪽에는 여섯 개의 벤치가 있었고 또 그 집에 주재하고 있는 병사들이 식사를 하는 식탁이 있었으며 식탁 너머의 넓은 문 옆에 부모님의 친구였던 켈러 박사가 서 있는 것을

그녀는 찾아 냈다.
 그때 그녀는 이 사람이 뉴욕에 살고 있던 일을 생각하고 어쩌면 그녀의 아버지는 '저승'에서 찾아온 것이나 아닐까? 하고 차츰 사정을 알 수 있게 되었다.
 그녀는 아버지에게 켈러 박사도 돌아가셨느냐고 물었다. 아버지는 무력증(無力症) 환자처럼 힘없는 목소리로 그녀에게 대답했다.
 "아니, 저들이 나를 데려다 주었단다."
 버레트 박사가 다시금 시선을 돌려 보니, 꼿꼿하게 서 있는 켈러 박사의 뒤에 다섯 사람의 피부가 누런 쟈바 사람인지 혹은 인도 사람들 같은 키 작은 사람을 볼 수 있었다.
 그들은 박사를 우러러 보듯 하며, 박사에게서 조금 떨어진 곳에 서서 검은 옷을 입고 있었다.
 "저 사람들은 누구예요?"
 이렇게 그녀는 물어보았다.
 "쟈바 사람들이지."
 하고 아버지는 대답했다.
 "저들이 이리로 나를 데려다 주었단다."
 이런 말을 듣고도 어떻게 된 일인지 그녀는 알 수가 없었다. 그녀는 아버지의 손을 잡았다. 그 손은 마치 얼음장처럼 차가웠다.
 그녀는 바로 전에 느낀 자기의 직관이 옳았다는 것을 알 수 있었다.
 "아빠는——?"
 그는 고개를 끄덕였다.
 "어떻게 오신 거죠? 까닭이 있을 텐데요."
 "그럼."

이렇게 그는 대답했다.
"제 신상에 무슨 위험한 일이라도 있나요?"
"위험하다. 너는 등산대에 끼는 편이 좋을 거다."
"제가 어떻게 한다고요?"
"산으로 가야 된다."
하고 아버지는 지시하는 것이었다.
"안내인을 두어야 한다."
점점 더 말뜻을 알 수 없게 되었으나 그녀가 질문을 하기 전에 아버지는 다시 말을 이어 갔다.
"배를 타면 저 쟈바 사람들이 너를 지켜줄거다."
그는 지쳐서 괴로운 듯한 목소리로 되풀이하며 말했다.
이때 그녀를 7시에 깨우기로 한 부관(副官)인 지노가 문을 지나서 달려 왔다.
"저 사람들은 누구입니까?"
이렇게 그는 물어왔다. 분명히 그도 그들을 보았던 것이다.
"저들을 누가 안으로 들여보낸 것입니까?"
지노가 회식장 안으로 뛰어 들어왔으므로, 버레트 박사는 극히 순간적으로 그 때문에 방해를 받았다. 그녀가 아버지 쪽을 되돌아 보자, 그는 사라지고 없는 것이 아닌가.
방 한쪽 끝으로 시선을 옮겼으나 쟈바 사람들도 켈러 박사도 사라진 것을 알 수 있었다.
오스카가 한 시간 일찍 깨우러 왔었다고 그녀는 설명했다. 지노는 그런 짓을 한 졸병을 벌줘야 된다면서 곧 나가고 말았다. 그런데 15분쯤 뒤에 약간 겁을 먹은 듯한 모습으로 돌아왔다.
오스카는 새벽 5시에 일어나기로 되어 있었던 것 같았는데 일어나지 않았다. 병사들이 아무리 흔들어 깨워도 그는 잠을 깨는 눈치도 없고 일종의 혼수상태에 빠진 것 같았다. 지노가 갔을 때에도 그는 잠을 자고 있었고 그가 그날 아침 멘사·루움에 들어간 일이 없었다는 것은 의심할 여지가 없었다.

바로 오스카는 육체영매(肉體靈媒)가 되었고 버레트 박사의 아버지를 육체화 시키기 위해 그의 실체(實體)를 빌렸던 것이다.

이 밖에도 오전 6시에 그녀를 깨운 것은 진짜 오스카가 아니라, 그 졸병의 영투영(靈投影)이거나 또는 의태(擬態)였다는 증거가 나타났다.

바깥에 있는 여러 문의 열쇠를 오스카가 계속 지니고 있었다는 사실이 바로 그것이었다.

다른 아무도 열쇠 꾸러미를 가지고 있지 않았고 더우기 문은 지노가 그곳에 이르렀을 때 이미 열려 있었던 것이다. 그 문들은 안쪽에서는 열 수 없었다. 열쇠를 바깥의 잠을쇠에 꽂았을 때에만 문은 열리게 되어 있는 것이다.

오스카는 계속 침대에서 떠난 일이 없었다고 병사들이 차례로 증언했다. 그는 그날 오후 늦게야 겨우 잠에서 깨어났던 것이다.

상관이나 버레트에게 질문을 받고도 오스카는 아무것도 기억하지 못하고 그런 체험을 한 일은 한 번도 없었노라고 말했다.

버레트 박사는 후에 감상을 이렇게 말했다.

"이탈리아에서는 그런 짓은 하지 않습니다. 남의 부인의 몸에 손을 대는 일 같은 것 말입니다."

물론 진짜 오스카였다면 절대로 그런 짓은 하지 않았을 것이다. 하지만, 영투영화(靈投影化)된 오스카는 아마도 별

개의 의지에 의해 조작되어서, 박사의 아버지가 전하는 말을 전갈할 수 있도록 그녀를 깨울 수 밖에 없었던 것이었다. 굉장히 훌륭하게 계획된 영적(靈的)인 계획이라고 나는 생각하는 바이다.

4. 거울 속에 불타는 촛불

너무도 마음의 동요가 심했으므로 버레트 박사는 로마행의 아침 8시 열차를 타야만 된다는 일을 완전히 잊어버리고 말았다.

겨우 제 정신을 찾은 그녀는 그래도 어떻게든지 겨우 시간에 늦지 않게 기차를 탄 것이다.

남편은 이틀 뒤에 돌아왔으나, 그녀는 그 사건을 남편에게 말하지 않았다. 이탈리아의 군인이며, 더우기 장교에게 이야기해도 알아줄 만한 일이 아니라고 판단을 내렸으므로 가만히 있는 편이 나으리라고 생각한 것이다.

이 사건에 무슨 뜻이 있다 하더라도 그것을 가르쳐 주는 것은 시간이었던 것이다.

두 달 뒤에, 그녀의 남편은 곧장 전선(戰線)으로 떠났다. 그렇기 때문에 그녀는 혼자 별장에 남아 있었으나 독일군의 진격은 날로 좁혀졌고 그녀는 미국 영사(領事)의 충고를 받아 들여서 이 나라를 떠나기로 한 것이었다.

하지만 스위스를 향하여 출발할 준비를 하고 있을 때 이탈리아 정부는 그녀의 여권을 몰수하고 말았다. 이탈리아인 장교와 외국인의 결혼은 무효로 간주되고 이 일은 그녀를 더욱더 난처한 입장에 몰아넣고 말았다.

이러는 사이에 그녀의 남편은 그리이스 전쟁에서 전투 중이어서 소식을 전혀 알 수 없었다. 어쩌면 자기는 적성인(敵性人) 수용 캠프에 수용될지도 모른다는 움직임도 있었다. 될 수 있는 대로 속히 이곳을 떠나기로 그녀는 결심을 했다.
"산을 넘어요."
하고 한 친구가 귀띔을 해 주었다. 갑자기 그녀는 작고한 아버지가 말한 말의 뜻을 알 수 있었다.
두번 계획했으나 두 차례 모두 실패하고 말았다. 세번째에 성공하여 프랑스의 수용소에 두달 동안 감금을 당했다.
그녀는 스키를 잘 탔으므로 상·베른할트 골짜기를 스키로 넘었다. 하지만 붙잡혀서 송환되지 않도록 그녀는 그때 안내인을 고용했었다.
그녀는 작고한 아버지가 예언한 대로 한 것이었다.
뉴욕에 있는 그녀의 어머니는 그녀가 귀국할 수 있도록 힘써 주었다. 그녀는 리스본에 도착했다. 그곳에서 배를 탈 수 있을 것 같았다.
워싱턴에 있는 고관 가운데 아는 사람이 있어서 그 사람 덕택에 그녀의 어머니는 대서양 항로에는 적당치 못한 작은 배에 어떻게 탈 수 있도록 마련해 주었다.
그 배는 포르투갈의 실업가의 것으로 선실은 불과 열 두개 밖에 없었다.
요트는 '카파로·알효' 다시 말해서 '적마호(赤馬號)'라고 부르고 22일이나 걸려서 대서양을 횡단했다. 아조레스에 도착하자 어뢰로 격침당한 네덜란드 배에 탔던 네덜란드 사람인 통신사와 다섯명의 쟈바 사람인 선원이 같은 배에 올라탔다.
그들이 탔던 배는 독일 잠수함에 격침을 당한 것이지만 눈을 가려진 채 중립지대인 아조레스까지 끌려왔고 독일사람에게는 드물게 보는 무사(武士)의 정리(情理)라고나 할까, 하여튼 그들을 그곳에 상륙시키고 귀국할 수 있는 기회를 준 것이다.

처음부터 다섯 명의 쟈바 사람은 그녀를 꼭 따라다니며 작고한 아버지가 말했듯이 그녀의 신변을 염려해 주었다. 그들의 태도와 모습은 작고한 아버지가 티볼리의 별장에서 그녀의 미래를 예언했을 때에 나타났던 사람들과 똑같아 보였던 것이다.

뉴욕에 도착해서 어머니의 영접을 받자 쟈바의 선원들은 다시는 나타나지 않았다. 그녀의 생명체 속에 들어가기라도 한 것처럼 조용히 눈 깜짝할 사이에 사라졌던 것이다.

그녀는 되도록 빨리 켈러 박사를 방문했다. 그녀는 자기가 하는 말을 그가 신용하지 않을 거라고 생각했지만 하여간 경험한 일을 그에게 이야기할 속셈이었다.

놀랍게도 뛰어난 생화학자(生化學者)인 켈러 박사는 그 자리에서 그 말을 웃어 넘기지 않는 것이었다. 두 사람은 시간적인 차이도 생각하여 그녀가 티볼리에서 그를 보았을 때 실재의 그는 어디에 있었는지 조사해 보았다.

그는 그때 뉴욕의 연구소에 있었고 특히 다른 일이라고는 아무 것도 없었다는 걸 알 수 있었다.

버레트 박사와 켈러 박사는 서로 친밀한 관계는 없었으므로 왜 돌아가신 아버지가 나타났을 때 그를 그녀에게 '보여 주었는가' 하는 까닭을 찾아 내는데 어리둥절할 따름이었다.

하지만 켈러 박사는 돌아가신 아버지에게 있어서 바로 뉴욕을 뜻하고 있었다고 생각되므로 이것은,

"너는 뉴욕으로 돌아가게 된다."

고 그녀에게 전하기 위한 하나의 방법이었던 것같다.
 켈러 박사는 자기의 영상(映像)을 이탈리아에 영투영(靈投影)하지 않았으므로 내가 추측할 수 있는 일이란, 버레트 박사가 본 것은 의태였을 것이리라.
 다시 말해서 돌아가신 아버지를 일시적이나마 현세(現世)로 돌아올 수 있도록 주선한 것과 같은 힘으로 만들어진 구상체(具象體)일 것이라는 것이었다.
 엑토플라즘(ectoplasm)은 여러 가지 모양으로 변화시킬 수 있는 것이어서 버레트 박사는 현실적으로는 티볼리에서 본 다섯 명의 쟈바 사람이나 켈러 박사와 말을 주고 받은 일이 없으므로 그것들도 단순한 환상이었는지도 모를 일이었다.
 그 놀랄만한 현현(顯現)의 기술적인 문제는 어떻든간에 목적은 뚜렷한 것이었다. 다시 말해서, 그녀에게 미래를 들여다 보게 하기 위한 일이었다.
 그녀가 미국으로 무사히 귀국한 뒤로는 작고한 아버지는 다시는 나타나지 않았다.
 버레트 박사가 겪은 초상현상(超常現象)에 대한 경험은 얼마 안 되고 시기적으로는 꽤 떨어져 있었으나 그녀가 겪은 체험은 모두가 뛰어난 것이고 선명한 것이었다.
 1927년에 그녀는 그때 남편과 살고 있던 베네치아에서 별로 떨어지지 않은 어느 피서지에서 지내고 있었다. 베네치아로 돌아가기 이틀 전의 일이었다.
 그녀는 만찬을 위한 몸단장을 하고 있었다. 마지막 일요일이기도 해서 가장 화려하고 아름다운 이브닝드레스를 입고 있었다.
 루우즈를 집으려고 무심히 거울을 보자 자기 뒤에서 불타고 있는 두 자루의 촛불이 보이는 게 아닌가! 그녀는 뒤를 돌아다보았으나, 뒤에 촛불은 없었다.

그녀는 다시 거울을 보았다. 두 자루의 촛불이 분명히 있는 게 아닌가! 다시 뒤를 돌아다보고 또 거울을 보았다. 초는 분명히 있었다. 하지만 거울에만 비치는 것이었다.

"반사작용(反射作用)의 장난인지도 모를 일이다."

그녀는 소리내어 이렇게 말하고 그 초를 찾아보려고 일어섰다. 우선 창을 조사해 보았다. 다음에 문과 벽을 조사해 보았다. 하지만 거울 속에서 불타고 있는 두 자루의 초의 정체는 알아 낼 길이 없었다.

마음이 불안해져서 그녀는 다시 앉았다. 틀림없이 무슨 착각일거야, 이렇게 생각하고 보니까 다시 두 자루의 초는 불타고 있는 게 아닌가! 이번에는 한 자루의 초가 바람이라도 불어온 듯이 불길이 하늘하늘 움직이고 있었다.

7시였다. 그녀는 배가 고팠다.

"내려가 봐야지. 촛불 같은 건 마음에 두지 않는 편이 좋아."

이렇게 생각했다.

그렇게 생각한 순간, 뒤에서 목소리가 들려왔다. 여자의 음성이었다. 이탈리아 말로 말하고 있었다.

"그를 버리지 않는다고 약속해 줘!"

"버릴 까닭이 있나요."

어째서 정체불명의 목소리가 갑자기 방 안에서 울려왔는지 생각해 보지도 않고 그녀는 대답했다. 그리고 나서 그녀는 뒤를 돌아다보았다. 아무도 없는 게 아닌가.

그녀는 고개를 갸우뚱했다. 누구를 버리지 말라고 그런 것일까? 버린다거나, 버리지 말라거나 할 만한 남자라고는 남편인 알베르트 밖에 없을 것이다.
　이제 이런 이상(異常)한 체험은 딱 질색이다. 이렇게 그녀는 생각하고 방에서 나갔다. 계단을 내려가다 남편과 맞부딪칠 뻔 했다. 그는 뛰어올라온 것이었다. 몹시 허둥대고 있었다.
　"무슨 일이 생겼어요?"
　하고 그녀는 말했다.
　"어머니가 돌아가셨오. 지금 장례식을 마치고 달려오는 길이요."
　눈물이 그의 볼에서 흘러내렸다. 그는 그녀를 놀라게 하거나 자기의 슬픔으로 모처럼의 휴가를 엉망으로 만들고 싶은 생각은 조금도 없었던 것이다.
　그의 어머니는 어제 장례식을 치렀으나 전화로 말하는 것보다 자기가 직접 알려주는 편이 좋다고 그는 생각했던 것이다. 버레트 박사가 들은 것은 시어머니의 음성이었던 것이다.
　그 뒤에 이 어머니의 희망은 그녀에게 이상한 생각을 품게 했던 것이다. 1941년부터 1945년에 걸쳐서 그녀가 뉴욕에 있는 동안에 그녀의 남편은 독일군에 포로가 되었다.
　소식이 완전히 끊겼고 그의 운명이 어떻게 되었는지도 알 길이 없었다.
　적십자사에서 그는 죽었으니까 5년이 지나면 법적으로 재혼하는 걸 인정한다는 통지가 왔다. 하지만 무덤 저편에서 들려 온 시어머니의 목소리가 마음 속에 남아 있고 작고한 시어머니가 말하려던 참뜻이 뼈 마디마디마다 스며 들었다.
　그녀는 남편을 버리지 않았다. 마침내 그와 다시 맺어졌고 현재도 맺어져 있는 것이다.

5. 아로자의 영혼

 사랑하는 사람, 또는 그 가족의 친지만이 산 사람에게 통신을 보낸다고는 할 수 없다. 때로는 전혀 모르는 죽은 사람이 통신을 보내오는 일도 있다.
 1938년, 버레트 박사는 스위스의 아로자에서 휴가를 보내고 있었다. 그녀는 당시 중급 정도의 펜션(고급 하숙의 일종)에 머무르고 있었다.
 휴가도 끝날 때가 되었고 가진 돈도 차츰 줄어들고 있었다. 그녀는 2층에 방을 잡고 있었다.
 그녀는 아침 식사를 가져오도록 벨을 울렸다. 하녀에게 미리 시각을 일러 주었으므로, 신호만 하면 곧 가져오기로 되어 있었다.
 하지만 하녀가 오기 전에 문이 갑자기 요란하게 열리면서 한 여자가 그녀의 방으로 뛰어 들어왔다. 그녀는 잠옷 같은 것을 입고 있었고 검은 머리는 마구 헝클어서 풀어헤치고 있었다.
 숨을 헐떡거리면서 그녀는 말하는 것이었다.
 "그에게 말해 주세요! 굉장히 중요한 일입니다. 제발 부탁이니, 그에게 전해 주세요!"
 그녀는 필사적인 몸짓으로 호소하는 것이었다. 버레트 박사는 몹시 기분이 언짢아졌다. 그녀는 노여움에 가득찬 눈초리로 침입자를 노려보고 즉시 나가라고 여인에게 말했다.
　그 여자가 방을 잘못 알고 뛰어 든 것으로 생각한 것이었다. 그 여자는 독일어로 말을 하고 있었다.
"나가요!"
하고 박사도 독일어로 말했다. 여인은,
"그에게 전해 주세요."
하고 그녀는 다시 한번 박사에게 호소하는 것이었다. 이윽고 그녀는 뒤쪽으로 미끄러지듯 문에 등을 향한 채 방에서 나갔다.
　하녀가 아침식사를 담은 상을 들고 들어온 것은 바로 그 직후였다.
"지금 이곳에 온 저 미치광이 여자는 누구지?"
하고 버레트 박사가 물어보았다.
"여자라고요? 이 층에는 다른 사람은 아무도 없습니다."
"하지만 그 여자는 바로 조금 전까지 이곳에 있었거든."
"설마, 그럴리가 있겠습니까? 이 층에는 박사님밖에 안 계십니다."
"하지만 이 위에서 사람의 소리가 들렸는데——."
"예, 그분들 말씀입니까? 오늘 아침 다섯시에 출발하셨습니다. 지금은 아무도 없어요. 이제 제철도 다 지났으니까요."
　하녀는 머리를 저으며, 저런 훌륭한 의사 선생님이 어째서 저런 이상한 말을 하실까? 이렇게 말하고 싶은 것을 꾹 참고 밖으로 나갔다.
　시간이 없었으므로 버레트 박사는 아랫층 데스크에서 그 이상한 여자에 관하여 일부러 물어보는 일도 하지 않았다. 그녀는 스키를 들고 비탈로 나갔다.

그녀는 그 산에서 마음에 드는 곳이 있었다. 그곳에서는 주위에 있는 산들의 훌륭한 경치를 마음껏 바라보며 즐길 수 있었다. 오늘 아침에는 조금 늦잠을 잤으므로 그곳에 간 사람은 그녀가 제일 처음은 아니었다.

그 마음에 드는 곳에 가까이 갔을 때 갑자기 젊은 남자가 숲 뒤에서 나오는 것을 보았다.

"잠깐만 실례하겠습니다."

하고 그는 말을 붙여 왔다. 꽤 미남자여서 싫은 생각은 들지 않았다. 단지 아는 사람으로 사귄다거나 로맨스를 시작하려는 생각은 없었으므로 그녀는 그 점에 대해서는 다짐을 해 두었다.

"아니 아니 그런 것이 아닙니다."

하고 그는 분명히 말했다.

"다만 잠깐만, 당신과 말씀을 나누고 싶을 따름입니다."

그는 취리히의 의사로서, 맨 처음 의사 실습을 이곳 아로자에서 한 일이 있었다. 그때에 그는 꽤 심한 결핵환자를 맡아서 치료하고 있었다. 처음에 그 아가씨와 만났을 때, 그녀의 아름다움에 그도 넋을 잃고 말았지만 그녀도 그를 물끄러미 바라보고 서로 첫눈에 반하고 말았다.

슬프게도 그녀의 목숨은 그리 길지 않다고 그는 생각하였다. 그녀는 아직 열 여덟살이었고, 그는 학교를 갓 졸업한 병아리 의사였던 것이다.

하지만 그는 자기의 진단을 아무래도 인정하고 싶지 않았다. 그는 그녀의 미래를 희망 있는 것으로 만들어 주려고 결심했다.

"오래 살 것 같지 않아요."

하고 아가씨는 말했다. 하지만 젊은 의사는 그녀의 손을 잡고 구혼을 한 것이었다. 또한 그녀의 부모가 반대하는 데도 불구하고 이 불행한 아가씨와의 결혼을 허락해 달라고 부탁했다.

다행히 두 집이 모두 경제적으로 여유가 있는 집이었으므로 그는 그녀의 유산권(遺產權) 포기증서에 사인을 하고 어떤 일이 있더라도 그녀를 돌봐주기로 약속했다.

버레트 박사는 매우 흥미를 느끼고 그의 이야기를 귀담아 들었다. 그는 그녀에게 조금만 더 자기에게 시간을 내 달라고 부탁하고 그와 그의 신부가 밀월여행을 보냈던 샤레(스위스의 산에 있는 오두막집)로 그녀를 안내했다.

모든 것이 새롭게 단장되어 있었다. 그는 신부를 위하여 샤레를 산 것이다. 얼마 동안은 그녀의 죽음 같은 불길한 것을 예상한다는 건 도저히 생각할 수도 없는 형편이었다.

몇 개 월인가 지나서 그녀의 증상은 나빠지기는커녕 회복되는 기미조차 보였다.

의사는 잠시도 그녀의 곁을 떠나지 않고 지금까지 배워온 모든 지식을 다 동원시켜서 그녀를 치료하였다. 그녀의 증상이 많이 좋아진 것처럼 보이자 다른 환자들도 돌봐주지 않으면 안되겠다고 생각하게 되었다.

잠시 그녀에게서 주의를 다른 곳으로 돌려도 당장에 무슨 일이 일어나는 상태는 아닐 거라고 생각한 것이었다.

어느 날, 마을에 위독한 환자가 생겼다. 사고가 생겨서 그를 부르러 온 것이다. 그가 떠난 뒤 바로 무슨 일이 신부의 신상에 일어났음이 틀림없었다.

느닷없이 그녀는 샤레에서 나와 마을로 통하는 구부러진 길을 미칠듯이 달려내려간 것이었다.

불과 몇시간 동안이지만 자기를 지켜 주는 사람이 없어졌다는 사실이 갑자기 무서워진 탓인지, 그렇지 않으면 증상이 어떤 까닭에서 갑자기 악화된 것인지, 그녀의 이와 같은 갑작스러운 행동의 원인은 아무도 알 길이 없었다.

하여튼 그녀는 그의 뒤를 쫓아서 산을 달려 내려갔다. 그녀가 작은 펜션까지 뛰어 왔을 때, 육체의 힘은 완전히 없어지고 말았다.

그녀의 앓는 폐는 달음질이라는 크나큰 부담에 견딜 수 없었던 것이다. 펜션에 와서 쓰러진 채 남편의 얼굴을 다시는 보지 못하고 세상을 떠나고 말았다.

"저 방에서 말이죠?"

하고 버레트 박사는 물어보았다. 청년은 고개를 끄덕였다. 그녀는 자기가 오늘 아침에 체험한 일을 그에게 말했다.

"그녀예요, 바로!"

하고 청년은 눈살을 찌푸리며 인정했다.

"아름답지 않았었나요?"

해마다 이 젊은 의사는 그녀가 죽은 날에는 아로자를 방문하곤 했다. 왜 샤레에서 빠져나온 것인지, 그 까닭을 알고 싶었던 것이다. 그날이 바로 그녀가 죽은 날이었다.

잠시 생각한 다음, 버레트 박사는 자기도 의사라고 청년에게 말했다. 그 말이 그에게 용기를 북돋아 준듯, 그 죽은 영(靈)의 얼굴에 어떤 두려움을 나타내는 데가 없었느냐고 물어보는 것이었다.

버레트 박사는 아마 그 신부는 자기가 아기를 가진 것을 알고 곧 그 사실을 남편에게 알리고 싶었을 것이라고 추측했다. 하지만, 샤레에는 전화가 있었고 그가 떠나기 전에 가는 곳도 알려 주었었다. 그러므로 남편에게 연락할 수도 있었고 돌아오기를 기다려도 되었었다.

이틀 뒤에, 버레트 박사는 알로자를 떠났고 다시는 그 펜션에 간 일이 없었다. 하지만 그 의사는 사랑하는 사람이 자기 곁에서 떠난 그 기념할 만한 날이 되면 지금도 그곳을 찾아가곤 할 것이다.

또한 그 펜션의 3층에서의 비극은 일 년에 한번씩은 되풀이 될 것이다. 두 사람의 연인들이 베일에 가려진 저 세상에서 영원히 맺어질 때까지는 검은 머리를 풀어헤친 아름다운 아가씨의 비극이 말이다.

제 7 장
영혼은 불멸하는가?

1. 윤회의 진실

　죽은 뒤의 삶에 대하여 의심을 하고 있는 사람들로부터 흔히 이런 말을 듣는다. 영매(靈媒)의 잠재의식에서가 아니라, 실제로 죽은 사람이 통신을 보내온다는 것을 도대체 어떻게 확인할 수 있단 말인가?
　이 문제와 비슷할 정도로 많이 보내 오는 질문 가운데, 매개인(媒介人)이 없이 죽은 걸로 되어 있는 사람과 현실 세계에 살고 있는 사람과의 직접적인 접촉이 있을 경우에, 살아 있는 사람이 실은 접촉 자체를 환각하거나 공상하거나 하는 것이 아니라는 것을 어떻게 알 수 있는가?
　또 한 가지, 어떻게 해서 이런 영적인 교신이 다만 우연히 일어나는 일이 아니라고 잘라서 말할 수 있는가?
　"ESP를 체험한 자의 대부분의 기록을 살펴보면 우연히 일어났음을 알 수 있다."
　이렇게 제법 아는 체하며 주장하는 사람들은 사실을 무시하기를 좋아하는 경향이 있다. 인간의 기존 지식이나 관념을 바꿔야만 할지도 모를 거라는 두려움 때문에 증거를 밝히고 싶지 않을 경우, 이치에 맞는 설명에 의지하려고 하는 것은 그야말로 너무나 속되고 지나치게 인간적인 경향이 아닐까 생각한다.

메시지의 내용이 바로 그 죽은 사람이 아니고서는 보낼 수 없는 경우나, 교신의 내용이 아무도 알 수 없는 인물에 대해 있을 경우 등, 이상과 같은 상황을 우리는 분명히 심령현상이라고 규정짓고 있는 것이다.

교신한 내용도 보통 느끼는 오감(五感) 이외의 어떠한 방법으로 얻을 수 있으므로 그것은 영적인 것이다. 교신선상(交信線上)의 한쪽 끝에 있는 죽은 교신인이 모습을 나타내지 않고 수신인 자신의 ESP능력만으로 교신내용을 수신하였을까? 이 심령가는 그 자신의 무의식, 혹은 잠재의식에서 죽은 줄로 알고 있는 다른 인물에 관하여 극히 특정한 메시지를 끌어낸 것일까? 이와 같은 일이 절대 있을 수 없다고는 할 수 없다.

하지만 대개의 경우 그것은 전혀 불가능한 일이다. 죽은 사람에게서 산 사람에게 보내는 메시지는 누구에게나 믿어지지 않는 특정한 사건에 관해서만 이야기하고 있는 것이다.

나중에 이와 같은 사건이 생기고 잘 기억해 낸 뒤에야 수신인은 죽은 사람이 그런 일을 미리 알고 있었다는 걸 알게 된다.

다시 말해서, 수신인은 죽은 영혼의 개인적인 환경을 알지 못하고 따라서 메시지를 자기 스스로의 마음 속에서 만들어 내려고 하여도 그의 잠재의식의 기억 저장 창고 안에는 끌어낼 만한 아무것도 가지고 있지 않다.

되풀이 해서 말하지만, 수신인은 깜짝 놀라고 있고 '저승'으로부터의 접촉을 예기(豫期)하고 있지 않다. 그의 머리 속에는 자기가 죽은 사람과 연결되어 있다는 생각이 없다. 그럼에도 불구하고 이런 종류의 교신은 꽤 자주 일어나고 있다.

만약 교신 내용을 상상하거나 공상한다는 일이 가능하다면 다시 한번 그 내용의 진실성에 대해서 판단을 내려볼 필요가 있다.

그것이 정확하게 그대로 나타나고 수신인이 접촉을 받았을 때 그것에 대하여 알고 있지 않다면, 그것이 그가 심령적으로 상상한 것인지 또는 순수한 심령세계로부터의 송신을 받은 것인지는 그야말로 토의할 만한 가치가 있는 중대한 문제인 것이다.

하여튼 그 어느 편이건, 우리는 그것들을 '초상(超常)'이라고 부르고 있다.

마지막으로 환각(幻覺)이라는 말인데, 자신이 목격하거나 조사한 일이 없는 현상을 설명할 때, 자칭 초심리학자(超心理學者)라는 사람들이 이것을 너무 제멋대로 쓰고 있다. 그들은 이런 심령현상을 정통적인 과학용어로 설명하려고 한다.

그들은 과학이란 것이 변화하는 개념이며, 전통적인 관례(慣例)란 것은 과학자들 사이에서 평범하고 소극적인 방법론이라는 것을 잊고 있다.

인간이 형상(形象)이나 음향을 환각한다는 것은 그 사람이 그것을 창조했다는 것이며, 이런 현상을 일으키는 정신에 이상이 있거나 혹은 정서 구조에 있어서 장해가 있다고 생각하면 된다.

하지만 흔히 우리가 정상이라고 인정하며 정신병력(精神病歷)도 없고 환각제를 쓴 일도 없는 잘 조화를 이룬 사람들이 이와 같은 환각을 낳게 하는 수가 있음을 증명한 사람은 한 사람도 없는 것이다.

건강한 사람에게 환각이란 생길 수 없다. 또한 병든 마음에서 생긴 환각과 자발적인 체험인데 건강한 사람에 의하여 체험된 것과의 사이에는 뚜렷한 구별이 있다.

정신적으로 병이 든 사람이나 어떤 약재의 영향을 받고 있는 사람들의 진짜 환각은 비논리적이며, 흔히 가능한 현실과는 멀리 동떨어진 요괴적인 영상(映像)이나 상징인 것이다.

한편 심령현상은 그것 자체에 참다운 윤회가 있는 것이다. 그 심령현상들은 완전히 논리적이며, 사건의 순서가 극히 질서적이며 그 현상들이 아직 일어나지 않았거나, 그 현상들이 일어날 경우 수신인 편에는 알려져 있지 않다는 점에서 흔히 있는 일상 체험과는 다른 것이다.

이것도 자칭 과학자에 의하여 함부로 쓰이는 말이지만, 이것이야말로 가장 분명하게 정의를 내려야 할 필요가 있다고 생각한다.

엄밀히 말하자면, 그것은 심령현상이 일어난 것이 원인과 결과의 법칙으로 본다면 전혀 관련이 없는 데도 얼핏 보아서는 관련이 있는 것처럼 보이면서도 사실은 그렇지 않다는 뜻이다.

우연은 심령 연구만이 어떠한 형태로 설명할 수 있는 인간끼리의 이상한 인연, 다시 말해서 원인과 결과의 법칙에 어긋나는 운명이라는 천박한 무늬를 유물론적으로 다루려는 강력한 논거가 되고 말았다.

얼마 전, 카알·융은 《의의(意義) 있는 우연·비인과성(非因果性) 일치》라는 입문서를 저술하였는데, 그 책 속에서 원인과 결과의 일반법칙을 초월한 제2의 방식을 자세히 기록하고 있다.

그가 '의의 있는 우연'이라고 부르는 제2의 방식이란 그의 견해에 따른다면, 논리의 세계에서는 얼핏 보아서 아무 연관성도 없는 사건과 인물이 연결되는 것이다.

　카알·융은 우주의 '우연의 가능성'을 인정하고 있는 사람들의 의표를 찌른 셈이다.

　여기서 특히 말하고 싶은 것은 나는 그런 사람들 중의 하나가 아니라는 점이다. 나는 우연이라는 것은 전혀 상상조차 할 수 없이 이 세계는 훌륭히 조화가 잡혀 있고, 우연에게 의지할 만한 일은 없다고 나는 생각하는 바이다.

　우리의 이해, 적어도 현실의 극히 제한된 이해를 초월한 연관성은 있지만 우리들은 구상면(具象面)과 비구상면(非具象面)의 어느 우주에 있어서나, 어떠한 법칙에 따르지 않는 것은 하나도 없는 것이다.

　확증된 여러 가지 요소를 주의 깊게 조사해 보면, 그럴듯한 탐구를 하려고 할 때에 우연같은 것은 전혀 문제도 안된다는 것을 알게 될 것이다.

　이와같은 실례에서 우리가 받을 수 있는 것은 다음과 같은 극히 논리적인 설명 말고도 그것보다 좋은 다른 것으로 대신할 만한 설명이 없다는 것을 이해할 수 있을 것이다. 다시 말해서, 두 세계의 다시 없이 진실된 접촉이라는 것의 필요성인 것이다.

2. 영혼을 쫓는 사람들

　1967년 겨울, 음악 관계의 일을 하고 있는 공통의 지인(知人) 로버트·리사우어를 통해 클로오드·손힐 부인을 알게 되었다.
　그는 악단의 지휘자이며 작곡가였던 그녀의 죽은 남편과 안면이 있었다.
　손힐 부인은 폭넓은 교양을 갖춘 독서가로서 국제 사교계에서 중요한 역할을 하고 있었다. 워싱턴주 태생인 루스·손힐이 맨 처음에 심령현상을 체험한 것은 그녀가 열 두살 때의 일이었다.
　하지만, 그것은 그 분야에 관하여 특히 그녀의 관심을 끌게 할 만한 일은 아니었고 그녀는 그 현상을 덮어 놓고 거부하지도 않았으며, 그렇다고 지나치게 구애받는 일도 없이 그 후에도 경험하게 되었던 것이다.
　그녀의 부모는 워싱턴주의 올림피아 교외에 낡은 집을 사 가지고 있었다. 그 집 이웃에 아저씨와 아주머니가 사는 집이 있었으므로 루스는 그들의 집에 머무르고 있었고, 친구와 둘이서 아직 사람이 들지 않은 그 빈 집으로 놀러갔었다.
　이 두 사람은 그냥 놀기만 하는 것으로는 재미가 없어서 이미 오랜 동안 사람이 살지 않은 그 집에서 잠을 자기로 했다.
 루스와 친구인 마쭐리는 2층 침실에 군대용 간이 침대를 가져다 놓았다.
 2층으로 통하는 층계는 천장과 벽으로 둘러싸여 있고 층계를 올라간 곳에는 문이 있었다. 낡은 저택에서 잠을 자는 첫날 밤에 두 사람은 어쩐지 탐험을 하는 듯한 기분이 되었고 가지고 온 난로로 요리를 만들기도 했다. 피곤했으므로 두 사람은 일찍 자리에 들었다.
 곧 잠이 들었으나 루스와 마쭐리는 누군가 계단을 걸어오는 듯한 소리에 잠을 깨었다.
 그녀는 침대 위에 곧바로 앉아서 발자국 소리에 귀를 기울였다. 환한 달밤이어서 두 사람은 방 안에 있는 서로의 모습을 똑똑히 볼 수 있었다.
 발자국 소리는 큰 남자의 걸음걸이를 연상케 하는 소리였다. 발자국 소리가 계단을 올라오고, 층계 끝까지 왔다고 생각되었으므로 두 소녀는 언제 그 침입자가 모습을 보일까 하고 숨을 죽이고 있었다.
 열 두살 짜리 소녀였으므로 공포에 떨었음은 당연한 일이었을 것이다.
 하지만 아무도 방 안에는 들어오지 않았고 그렇다고 발자국 소리가 아랫층으로 내려가는 기색도 없었다. 두 사람은 침대에서 뛰어내려 등잔에 불을 붙이고 살금살금 문을 열어보았다.
 그런 뒤, 아무리 찾아보아도 집 안에는 두 사람 이외에 아무도 다른 사람이 없다는 것을 알았다.
 루스에게는 해럴드·마아빈이라는 사촌 오빠가 있었다. 갓 스물이 된 오버린의 학생으로 그 무렵, 루스의 아저씨 집에 하숙하고 있었다.
 다음 날 두 소녀는 그에게 함께 그 옛집에서 자달라고 부탁을 했다. 그는 승낙을 하고, 아랫층 앞쪽 침실에 간이 침대를 가지고 갔다.
 말할 필요도 없이 남자가 함께 이 집에서 잠을 자주는 일이 두 소녀에게는 매우 기뻤다. 두 사람은 솜씨를 부려서 요리를 만들었다.
 그 뒤 세 사람은 각자의 방으로 들어갔다. 소녀들은 이층으로 해럴드는 그 바로 밑의 방으로 갔다.
 한밤중에 두 사람이 잠을 자고 있으려니까 발자국 소리가 다시 들리기 시작했다. 해럴드도 귀를 기울였다.
 그는 방문을 열고,
 "루스, 이 밤중에 어쩌자고 돌아다니는 거야?"
 하고 소리쳤다.
 소녀들은 아랫층으로 뛰어 내려가서 왜 이 집에 같이 있어 달라고 했는지 그 까닭을 설명해 주었다. 해럴드는 심령현상 따위는 믿지 않았고 집안을 아주 신중하게 조사해 보았다.
 하여튼 그는 그 발자국 소리에 대해서 이치에 맞는 이유를 알아 낼 때까지 그 옛 집에 소녀들과 함께 묵기로 했다.
 10일 동안, 이 젊은 세 사람은 유령의 정체를 쫓는 사람이 된 것이다. 밤마다 발자국 소리는 찾아오건만, 아침마다 세 사람은 실망에 가득찬 얼굴로 마주 볼 뿐이었다.
 마침내 루스의 부모가 그녀의 오빠와 트리키시란 개를 데리고 가재 도구를 싣고 이사를 왔다. 루스의 어머니가 트리키시를 데리고 맨 먼저 집 안으로 들어왔다. 하지만 그 개는 문지방을 넘자, 꼼짝도 안하는 것이었다.
 털을 곤두세우고, 마치 모두 이 집안으로 들어와서는 안된다고 하듯이 짖어대는 것이었다.
 아무래도 개를 집안에 들여놓을 수는 없었다. 그래서 루스의 어머니는 혼자서 집안으로 들어갔다. 그녀는 곧잘 초능력적인 면을 보여 준 일이 있었고 이 경우에도 역시 그런 힘을 나타내 보인 것이었다.
 "이곳에는 무엇인지 있구나!"
 하고 그녀는 소리쳤다.
 루스의 아버지인 로이·마아빈은 기사(技師)였고 전부터 그런 부인을 비웃곤 했으나 개의 눈치가 하도 수상하므로 고개를 갸우뚱했다.
 "잘못되었는 걸."
 하고 마아빈 부인은 말했다. 하지만 그 저택은 이미 값을 치르고 샀으니 어떻게든지 살 수 있게 해야만 했다.
 이삿짐 센터의 사나이들은 짐을 풀고 있었고, 마아빈 부인은 그들을 지휘하지 않으면 안되는 처지였다.
 이 사나이들의 앞장을 서서 마아빈 부인이 집안으로 들어가 있는 동안, 나머지 가족들을 밖에서 기다리고 있었다. 부인은 '저승'에서 찾아온 보이지 않는 손님을 향하여 자기의 일을 말하면서 저택 안을 걸어다녔다.
 여기저기서 걸음을 멈추고는 그의 마음이 풀리도록 기도를 드리곤 했다.
 가구들이 모두 제 자리에 놓이자, 마아빈 부인은 나와서 가족들에게 안으로 들어오라고 말했다. 모든 것이 잘된 모양이었다. 개도 이제 짖어대지 않는 것이었다.
 그들은 전에 살던 집 주인을 찾아 낼 수 없었다. 그도 그럴 것이 30년이 넘도록 빈 집으로 있었고, 정식으로 계약을 맺고 산 사람 외에, 무조건 살았던 사람이 없다고도 할 수 없었

제7장 영혼은 불멸하는가? 191

기 때문이다.

하지만 계단을 오르락 내리락 하던 것이 누구이건 또 무엇이건 간에 다시는 발자국 소리가 들리지 않게 되었다.

예지·현몽(現夢)·예감 같은 것을 루스는 성장함에 따라 수없이 체험하게 되었다. 이와 같은 체험을 거듭했음에도 불구하고 그런 것이 그녀에게 개인적인 관련성을 지닐 경우를 제외하고 심령현상을 깊이 연구하는 일은 없었다.

워싱턴 주에서 첫경험을 겪은지 오랜 세월이 흘렀고 그녀는 포올·L이라는 사나이와 결혼하여 프랑스 리비에라의 칸느에서 살게 되었다.

그녀의 친구 중에 앙트왕스·S백작이 있었고 그는 카프·댕티브에 릴리프트 장(莊)이라는 작은 별장을 가지고 있었다.

그는 심장장해가 심했는데, 루스의 남편은 르와이어 온천장에 호텔을 갖고 있었으므로, 그녀는 그에게 그곳에 가서 잠시 요양하는 게 어떻느냐고 권했다. 그곳은 순환기 계통의 병에 좋은 온천이었던 것이다.

그도 누구를 데리고 같이 가는 것에 찬성했지만, 그날 저녁은 손님을 초대해 놓았으므로 다음날 떠나기로 했다.

백작의 또 한 사람의 친구에 기이커 공작부인이 있었고, 그 밖에도 두 사람이 그날 저녁의 디너·파티에 참석했다.

요란스러운 저녁이었다. 백작은 로와이어에 머물면서 치료하는 동안에 카드놀이 상대를 하러 놀러와 달라고 루스에게 약속까지 하게 했다.

파티가 끝나고 루스는 그녀의 친구가 자기의 충고를 받아들여서 다음날 아침 요양을 하러 로와이어에 간다고 생각하니 기분이 나쁘지는 않았다.

다음 날 밤, 그녀는 너무도 생생한 악몽을 꾸고 잠에서 깨어났다. 그 꿈은 너무도 강렬했으므로 아무래도 잊어버릴 수가 없었다.

담을 두른 정원이 있었고, 그곳에 차가 다니는 길이 나 있고, 그 담에는 구멍이 뚫려 있었다. 그 차도에 차가 한 대 서 있었다.

두 사람의 사나이가 한 남자를 미행하고 있었다. 가까이 오는 것을 보니 그는 바로 친구인 백작이었다.

그는 얼굴이 창백한 편이었으므로 루스는 그가 위독한 상태에 빠져 있고 서둘러 응급치료를 받을 필요가 있다는 것을 명백히 알 수 있었다.

"어떻게 손을 써야 할텐데……"

이렇게 말하는 자기의 목소리를 그녀는 분명히 들었다. 그 정원도 두 사람의 사나이도 그녀는 전혀 본 일이 없었다. 하지만 그 중의 한 사람이 말했다.

"할 수 있는 일은 모두 했습니다. 나는 의사입니다."

그녀는 울면서 대답했다.

"그를 차에 태우지 말고 침대에 눕히도록 하세요!"

"그렇게 하려던 참입니다."

"하지만 꼭 죽은 것만 같아요."

그녀는 자기의 말소리를 똑똑히 들었다.

"죽었습니다. 하지만 데리고 돌아가야만 합니다."

그러자 다른 인물이 꿈 속에 나타났다. 그것은 이미 세상을 떠난 작가 서머셋·모옴으로 루스는 그와 친한 사이였다.

그녀는 그를 향하여 중재 역할을 해달라고 부탁하고 백작의 유체를 이런 식으로 차로 돌려 보내지 않게 해달라고 말했다.

꿈 속의 모옴은 '조금도 걱정한 필요가 없오, 백작은 악당 (惡黨)이요'하고 말하는 것이었다.
그런 말투는 물론 루스에게 이상한 느낌을 품게 했다. 서머셋·모옴과 백작은 오랜 세월에 걸친 친구였고 그녀는 모옴을 통해 백작을 알게 된 것이었다.
꿈에서 깨어난 루스는 그녀의 악몽에 관한 것을 남편에게 말했다.
남편은 그녀를 위로하고 지금쯤 백작은 로와이어나 그 근처에 있을 것이라고 말했다.
오전 4시였다. 그는 어떻게든지 그녀를 다시 잠들게 하려고 하였다. 하지만 그녀는 다시 방해를 받아서 잠들지 못했다.
이번에는 전화의 벨 소리가 울려 오는 것이었다. 남편이 경영하는 칸느의 호텔 지배인에게서 온 것으로 기이커 공작부인에게서 백작이 어제밤에 죽었다는 연락이 있었다고 한다.
다시 말해서, 그는 부인댁의 저녁식사 초대에 갔다가 식후에 그곳에서 발작을 일으켰던 것이다.
루스가 나중에 꿈꾼 내용의 이야기를 들려 주자, 부인은 그 집의 정원은 부인의 저택이었다고 밝혔다. 그곳에 가 본 일이 없는 루스는 그곳의 형편을 알고 있을 까닭이 없었다.
"꿈에 나타난 의사는 어떻게 생겼습디까?"
"글쎄, 옳지! 지금 문으로 들어온 저 남자와 비슷했어요."
하고 루스는 손가락으로 가리켰다.
"어머, 저 사람이 바로 그 의사 선생님이예요."
하고 부인이 말했다.
"그 꿈 속에서 아무래도 수긍이 가지 않는 일은 당신이 백작을 차에 태우고 그의 집으로 데려간 일이예요."
 하고 루스는 말을 이었다.
 의사는 대화 도중에 그녀들 사이에 끼어들어 루스가 이야기하는 것을 듣고 있었다.
 "예, 우리들은 말씀 그대로 했습니다."
 하고 그는 고개를 끄덕였다.
 "어떻게 알게 된 것일까요."
 그녀의 꿈 속에서 일어난 사건은 멀리 떨어진 곳에서 같은 시각에 실제로 일어나고 있었던 것이다. 다른 점은 서머셋·모옴이 나타나지 않은 것뿐이었다.
 며칠 뒤, 모옴씨로부터 편지를 받을 때까지 왜 그가 심령 영상(心靈映像) 속에 등장하였었는지 수수께끼가 풀리지 않았다.
 그 편지는 점심 식사에 오라는 초대장이었다.
 그녀는 백작이 모옴과 친했던 것을 알고 있었으므로 애도의 뜻을 표하려고 했다.
 "아, 그런 일은 아무래도 좋소."
 하고 모옴은 말했다.
 "그 놈은 정말 악당이었오."
 문득 루스는 왜 모옴이 그녀의 심령의 꿈 속에 나타난 것이었는지 그 까닭을 알았다.
 살아 있는 사람에게 자기의 죽음을 알리려고 하는 죽은 사람과 미래를 예견할 수 있는 죽은 사람의 능력이 이상하게 혼합된 것이었다.

3. 이상한 피아노 소리

 루스는 그 뒤에도 미지(未知)의 세계와 만날 수 있는 기회를 가졌다. 적어도 그녀에게 있어서 미지의 세계는 이런 종류의 사건을 체험한 일이 없는 사람들인 만큼 신비스러운 일은 아닌 것이다.
 백작과의 사건이 있은 얼마 후, 루스는 악단의 지휘자이며 작곡가인 클로오드·손힐과 결혼했다.
 손힐은 1965년에 죽었고 미망인 루스는 그 이듬해에 뉴욕 이스트사이드의 멋있는 호텔가에 있는 아파트로 이사를 했다.
 동시에 가까운 뉴저어지에 주말용으로 손힐이 산 집도 그녀의 소유가 되었다.
 그녀의 남편은 심장장해 같은 것을 일으킨 일이 없었다. 하지만 1965년 7월의 어느날 밤, 그는 잠을 잘 수 없어서 침대에 가만히 누워 있었을 때 갑자기 가슴이 답답하여 괴롭다고 말했다. 하지만 의사가 달려오기 전에 기분이 좋아졌었다.
 그런데도 의사는 그에게 주사를 놓았다. 그런 뒤 곧 그는 기분이 이상해졌다고 말했고 이윽고 숨을 거두었다.
 의사가 응급치료를 하였으나 허사였다. 그녀가 그에게 베개를 베어 주려고 그의 몸을 일으키려고 하자, 그의 머리 근처에 이상한 빛이 비친 것을 알았다.

그의 머리카락에 전기가 가득찬 것처럼 느껴졌다. 하지만 그 빛이 사라지자 그는 영원히 이 세상을 하직한 것이었다.

손힐 부인은 자기 쪽에서 먼저 죽은 남편과 접촉을 꾀하려고 계획한 일은 없었다. 그런데도 그가 죽은 지 사흘째 되던 날, 처음으로 이른바 '저승'에서 먼저 접촉을 원해 왔다.

그녀는 보니·레이크를 부르고 싶다는 충동을 억제할 수 없었다. 보니는 남편 생전에 일 관계로 두 번 가량 만났을 뿐으로 그녀 편에서는 보니를 거의 모르는 것이나 다름이 없었다.

미스 레이크는 작가이며 여배우였다.

손힐 부인은 그녀의 주소를 찾아 내어 곧 만나러 와 줬으면 좋겠다고 그녀에게 전화를 걸었다.

그 뒤 두 사람은 자동기술(自動記述)을 시도해 보았다. 미스 레이크는 그 방면에 재능이 있었다. 또 한 사람의 친구가 자리를 같이 하고 있었다. 텍사스주의 캐시넬즈라는 여성으로 그녀에게는 다소 심령적(心靈的)인 소질이 있었다.

맨 처음 나타난 말은 손힐 부인의 어머니에게서 온 것이었다. 어머니가 쓰던 문체로, '자, 메리야 들어봐라'고 하는 어머니가 곧잘 쓰시던 글귀가 나타났다.

글자 그 자체도 어머니의 필적과 비슷한 것처럼 생각되었다. 보니·레이크는 그날 밤에 비로소 그 부인을 만난 것이니까, 그런 자세한 점까지 알 까닭이 없었다.

다음으로 자동기술은 음악의 네 소절(小節)을 써 보였다. 그 다음에 루스의 죽은 남편에게서 보내오는 말이 계속되었다. 클로오드 손힐의 필적을 잘 알고 있는 미스 레이크는 곧 그것이 클로오드의 글씨라는 것을 확인했다.
"그는 당신이 무슨 말을 물어오기를 바라고 있어요."
하고 영매(靈媒)는 말했다.
"당신은 어떻게 지내십니까?"
하고 손힐 부인은 물어보았다.
"잘 있다오, 피이디(Peedee)"
이렇게 글씨가 나타났다.
　손힐 부인은 깊이 감동된 표정을 지었다. 피이디라는 말은 남편과 단 둘이 있을 때, 그녀를 부르는 이름이었다. 그녀와 남편 말고 이런 이상한 알파벳을 알고 있는 사람은 한 사람도 없었다.
　그런 일이 있은 뒤 얼마 되지 않은 날 밤, 그녀는 뉴저어지의 저택에 혼자 있게 되었다. 그 고장의 목사님이 찾아오기로 되어 있었고 그를 기다리는 동안 그녀는 피아노 앞에 앉아 있었다.
　그녀는 남편이 작곡한 노래 가운데 한 곡을 쳤다.
　〈섬의 추억〉이라는 곡인데 꽤 잘 쳤다고 생각하면서 마음 속으로 자랑스럽게 여기고 있었다.
"그이에게도 들려주고 싶을 정도야."
하고 그녀는 생각했다.
　그러자 그녀가 마음 속으로 생각하고 있던 것에 대답이라도 하듯이, 그녀의 귓가에 말소리가 들려왔다.
"잘 쳤오. 하지만 손가락 사용법을 주의하오!"
　목소리는 피아노의 반대 쪽에서 들려왔고 바로 살아 있을 때의 남편의 음성과 꼭같았다. 깜짝 놀라서 그녀는 자기의 손가락을 보니 역시 손가락 쓰는 법이 잘못 되었음을 알게 되었다.

이 사건은 그가 죽은지 두 달이 지난 뒤의 일이었다. 이번에 나타난 방식도 극히 선명했다. 벨이 울렸다. 기다리던 목사님이 온 것이다. 그러자 목소리는 들리지 않게 되었다.

손힐 부인은 남편이 갑작스럽게 죽은 뒤, 이것 저것 일에 몰려서 바쁘게 지냈다. 그 해 여름철 어느 날, 그녀는 거실(居室)의 벽지를 벗기고 있었다.

생전에 남편이 그런 일을 해서는 안된다고 늘 주의를 주곤 했으나, 그녀는 발판 위에 올라 서 있었다.

그날 오후에는 이웃에 사는 젊은 아가씨가 도와주러 왔었다.

그때 거실에 피아노가 있었다. 그 젊은 아가씨 케이·카메론은 미안하다고 하면서 부엌으로 들어갔다. 손힐 부인은 그녀가 피아노 곁을 지나서 부엌으로 들어간 것을 분명히 확인했다.

그 순간 그녀는 피아노에서 저절로 음악 소리가 흘러 나오는 것을 들었다. 마치 음악이 멀리서 울려오기라도 하듯이 처음에는 소리가 은은하게 울려 나오다가 이윽고 음정이 크게 흘러 나왔다.

부인은 케이가 피아노에 앉아 있는 걸로 처음에는 생각했다.

피아노 소리는 〈파가니니의 브람스 변주곡(變奏曲)〉을 연주하고 있었다. 생전에 남편이 이 피아노에서 곧잘 치던 곡 중의 하나로 기술을 익히기에는 안성맞춤인 연습곡이었다.

루스·손힐은 확인해 보려고 발판에서 내려와 식당 입구까지 가 보았다. 그러자 멍청한 표정을 짓고 때를 같이 하여 케이가 부엌에서 나타난 것이다.

"피아노를 치고 계셨나요?"

하고 아가씨가 물었다. 그 순간 피아노 소리가 뚝 그쳤다.
두 사람의 여성이 음악 소리를 들은 것이다.
그 곡은 남편이 죽던 날에 치던 곡이었다. 케이는 그날 이 집에 놀러와 있었다. 그녀는 그것을 잘 기억하고 있었다.
남편이 죽은 뒤, 루스·손힐은 악단에 차를 빌려 주었었다. 악단은 다른 지휘자 밑에서 활동을 계속해 온 것이었다. 그런데 차에 관한 서류가 어데론지 없어져서 차를 팔려고 하는데 찾아 낼 수가 없었다.
아무리 찾아보아도 보이지 않아서 마침내 그녀는 변호사에게 서류를 재발행할 수속을 밟아 달라고 부탁하고 말았다.
그런데, 어느 날 그녀는 집에 혼자 있게 되었다. 가을 날의 오후 4시 무렵이었다. 이것 저것 골치아픈 문제가 있고 그 가운데에도 해결되지 않은 일도 있어서 우울하기만 했다.
그녀는 창 옆에 서서 저녁 해를 바라보고 있었다. 그러자 갑자기 어제 밤에 위쟈반(盤)을 둔곳에 가고 싶다는 충동을 억제할 수 없었다.
위쟈반이 영혼과의 교신 도구라기보다는 오히려 단순한 장난감처럼 생각되었다. 하지만 그녀의 집에는 위쟈반이 있어서 이따금 그것을 사용하는 일이 있었다.
"바보 같은 짓이야."
하고 그녀는 생각하고 그 충동을 억제하려고 했다. 그런데 써 보고 싶다는 기분은 아무래도 참을 수 없었다. 드디어 그녀는 위쟈반을 꺼내 와서 아주 가볍게 지시 바늘이 있는 곳에 손을 얹었다. 그러자 그 순간에 영계와의 접촉이 있었다.
"내 악보를 보시오."
위쟈반에 지시된 글씨는 그런 말을 가리키고 있었다.
"당신은 지쳐 있지만 오늘 밤 자기 전에 내 악보를 읽어 보시오."
 죽은 남편의 악보를 보고 피아노를 친 회수는 그야말로 헤아릴 수 없이 많았다. 더구나 그 악보는 집안 온갖 곳에 놓여 있었다. 지하실이나 차고에까지 있었다.
 그 모든 악보를 본다는 것은 그야말로 큰 일이었다. 하지만 위쟈반의 지시문은 같은 일을 끈질기게 전하고 있고, 그 이외에는 아무 말도 나타나지 않았다.
 저녁 식사를 마치기는 하였으나, 판에 지시된 말이 어떻든 간에 도저히 오늘 밤에는 일을 할 수 있을 것 같지 않았다. 그녀는 이층에서 잠을 잤으나 도저히 잠을 이룰 수 없었다.
 "소용이 없군."
 그녀는 옷을 갈아입고 지하실로 내려갔다. 악보가 산더미처럼 쌓여 있었다.
 그녀는 그 속에 서 있었다. 어데서부터 손을 대야 할지 몰랐다. 하지만 우선 그녀가 악단에 차를 빌려 주었을 당시ー一그 무렵에는 아직 그 서류를 가지고 있던 기억이 있었으나ーー자주 쓰던 악보를 찾아보기로 했다.
 그 이상의 일은 하룻밤 사이에 도저히 할 수 있을 것 같지 않았다. 자주 쓰던 악보만을 들추어 보는 일이라면 그다지 시간이 걸리지 않을 것이었다.
 그녀는 정리장 속에서 한 권의 피아노 교본을 꺼내어 그것을 식당으로 들고 갔다. 펴 보니 3페이지의 자동차에 관한 서류가 있었다.
 "나는 죽은 남편을 되도록 부르지 않기로 하였습니다."
 하고 그녀는 나에게 설명했다.
 "그에게도 해야 할 일이 많이 있을 것만 같아서지요. 자기는 행복하다고 그는 말했습니다. 몇 번이라도 만날 수 있다는 것은 나도 알 수 있습니다. 하지만 무슨 일에나 그를 번거롭게 한다는 것은 너무도 저의 욕심이라고 생각합니다."

손힐 부인의 교령회로(交靈回路)는 죽은 남편에 대해서만 통하는 것이 아니었다. 여전히 자기들의 삶이 존속되고 있다는 것을 그녀에게 알리고 싶어하는 존재(영혼)가 그 밖에도 있었다.

또한 그녀가 '이승'에서 하고 있는 일을 지켜보는 존재도 있었다.

4. 보이지 않는 세계

    1966년 겨울, 그녀가 도시의 아파트로 이사한 지 얼마 안 있다가, 그녀는 유럽으로 떠났다. 크리스머스 휴가로 귀국한 뒤, 그녀의 동생인 돈·마아빈은 크리스머스를 함께 보내기 위하여 캘리포니아에서 오기로 되어 있었다.
    크리스머스 저녁 식사에는 케이와 그녀의 남편도 자리를 함께 했다. 손힐 부인은 몹시 피곤해서 빨리 저녁 식사가 끝났으면 하고 생각했다. 그녀의 말에 의하면 기분이 어쩐지 들떠 있고 그럴 경우에는 반드시 영매적(靈媒的) 상태가 되어 가고 있는 것이었다.
    그날 밤은 식사 중에 이야기를 해도 조금도 흥이 나지 않았다.
    자리에 누운 그녀는 곧 잠이 들었다. 그녀가 자고 있는 방과 동생이 쓰고 있는 방을 칸 막은 벽에서 두드리는 소리가 들려와서 그녀는 눈을 떴다.
    잠이 깨자, 우선 머리에 떠오른 것은 옆방에서 소리를 내고 있는 사람들에게 주의를 줄까 하는 일이었다.
    불을 켜서 시계를 보니 오전 1시였다. 그래서 그 소리는 옆방의 파티장에서 나오는 소리가 아니라, 그녀를 일으키기 위한 이상한 현상이라는 것을 알았다.

"나와 교신을 하고 싶거든, 두드리는 소리를 두 번 내세요."

이렇게 그녀는 마음 속으로 말했다.

마음에 꺼리낄 정도가 아닐 만한 애매한 소리가 난 뒤, 두드리는 소리가 분명히 두 번 들려 왔다. 흠, 이것은 분명히 누군가 자기에게 무엇을 호소하려고 하는구나 하는 것을 그녀는 잘 알 수 있었다.

그녀는 일어나서 우선 차라도 마시려는 생각으로 부엌으로 갔다. 차를 끓일 때까지 몇 분쯤 걸렸다.

부엌에서 나와 침실로 통하는 복도로 가려고 방 안을 무심이 둘러보자, 한 사나이가 서 있는 것을 알았다. 그녀의 시력(視力)은 별로 좋다고는 할 수 없었다. 처음에는 동생인 돈인가 하고 생각했다.

키가 동생과 비슷했으므로 조금도 놀라지 않았다. 하지만, 왜 이곳에 와 있는지 그 쪽에서 무슨 말을 꺼내는 게 아닌가 하고 그녀는 기다렸다.

그런데 그 모습은 머리 부분에서부터 사라지기 시작한 것이다. 사나이가 서 있는 등 뒤에 작은 거울이 있었으나 차츰 그 사나이의 몸을 통해, 그 거울이 보이게 되더니 마침내 그의 몸은 완전히 사라지고 말았다.

그녀는 사나이가 서 있던 곳으로 걸어갔다. 정말 자기 혼자밖에 달리 아무도 없다는 것이 분명해졌다. 더구나 동생의 방 문은 꼭 닫혀 있었다.

문을 열어 보니 동생은 쿨쿨 자고 있었다. 불은 꺼져 있었고 그가 계속 잠을 자고 있었다는 건 분명하였다.

사람의 모습을 비쳐주는 불은 아무 곳에도 없었다.

찾아온 사람이 도대체 누구인지 그녀에게는 확실치 않았

다. 그것이 뿌옇게 보이는 모습이었데서가 아니라, 그녀 자신의 시력이 약했던 탓이었다.

설사 불빛이 있었더라도 자기가 서있는 곳에서 멀리 떨어져 있었으며, 제대로 피와 살을 갖춘 실물의 모습일지라도 잘 분간할 수 없었다.

그녀는 고개를 갸우뚱하며 잠자리로 돌아왔다. 그 인물이 누구였을까? 키로 보아서는 남편이 아닌 것이 분명했다. 그렇다면 도대체 누구일까?

그 사나이의 얼굴의 특징을 똑똑히 알 수는 없었으나, 머리는 검은 색이고 검은 양복 같은 것을 입고 있었다.

그런 사나이는 어디든지 있었다. 잠자리에 들기는 했으나, 이번에는 도저히 잠이 오지않아 한 시간 반 가량 책을 읽었다. 그러자 갑자기 동생이 몹시 흥분한 모습으로 뛰어 들어왔다.

"나를 부르셨오?"

부르지 않았다고 루스는 말했다. 그를 깊은 잠에서 깨운 것은,

"돈·루스가 네가 와 줬으면 하고 있다!"

는 목소리였다. 그와 동시에 그는 침대 옆에 누군가 서 있는 것을 보았고 자기를 일으키려고 몸을 흔들고 있는 듯한 기분이 들었던 것이다.

다시 말해서 몸을 누가 흔든 것과 목소리를 들은 것과는 거의 같은 때였다.

그 목소리는 어머니의 음성과 몹시 비슷했다. 어머니는 내 딸이 조금 전에 본 것 때문에 신경을 곤두세우고 있는 것을 알고 그녀의 기분을 가라앉혀 주기 위해 아들을 깨워서 그녀에게 달려가게 한 것이 아닐까?

그녀는 황급히 이 약 두 시간 사이에 일어난 일을 동생에게 들려주었다. 영혼이 두드리는 소리에 대한 말을 하자, 다시금 뚜렷이 그 소리가 들려 왔다.

동생은 그날 밤까지, 특히 심령현상에 관한 한 누님의 말을 믿지 않았으나, 그도 똑똑히 그 소리를 들은 것이다.

이윽고 그는 자기의 방으로 돌아갔으나, 누님이나 동생도 마침내 그날 밤은 잠을 이루지 못했다. 아침 7시에 동생은 누님 방으로 왔다. 그는 방금 텔레비전의 뉴스를 들었다고 말했다.

"벌써 일어나셨어?"

하는 인사말에 그녀가 고개를 끄덕이자, 이렇게 덧붙여 말했다.

"어젯밤에 나타났던 사람이 누구였는지 알았어요."

"누구였지?"

"닉·단드라스가 죽었다고, 바로 전의 뉴스에서 말하더군요."

이 보고를 듣자, 루스는 아뿔사! 하고 생각이 났다. 그리스 사람인 닉은 오래 전부터 그녀의 친구였다. 그런 말을 듣고 생각해 보니, 그 검은 그림자의 키와 모습이 닉과 꼭 같았던 것이다.

이 유명한 도박사는 생전에도 심령을 믿는 사람이었다. 그녀와 그는 이 분야에서 자기들의 체험을 곧잘 서로 이야기한 것이었다.

그녀의 남편이 죽은 뒤, 눈에는 보이지 않았으나, 끊임없이 그녀에게 붙어다니는 영(靈)이 있었다. 이 영은 때로는 그녀를 손아귀에 넣고 마는 것이 아닌가 하는 느낌이 들어서, 그때마다 그녀는 영과 다투곤 했었다.

그 영은 결코 유쾌한 상대는 아니었고, 또한 보이지 않는 세계에 대한 그녀의 지식으로서도 기분이 나쁜 현상이었다. 그 영이 뉴저어지의 집에서나 맨하턴의 아파트에서도 흔히 나타나는 것을 그녀는 느끼고 있었다.

다만 그것이 그녀의 돌아가신 아버지나 어머니가 아니라는 것도 그녀는 잘 알고 있었다. 다른 누구인 것이다.

이와 같은 상황에서 판단하더라도 나는 루스에게 베티·리타를 만나게 하여 그 달라붙은 영(靈)이 무엇인지 베티에게 알아 내게 하는 것이 가장 현명한 방법일 거라고 생각했다.

손힐 부인은 좀 까다롭긴 하지만 자기의 정체를 밝히지 않고 리타 부인에게 전화를 걸어 부인과 1967년 11월 8일에 베티가 사는 이스트사이드의 아파트에서 만나자는 약속을 전해 두었다.

베티를 만난 손힐 부인은 그녀가 매력적인 여성이라는 것을 인정했다. 두 사람은 마음이 서로 통했다.

나는 부인에게 미리 강령(降靈)을 할 경우에는 그 사이에 일어난 일을 정확하게 기록해 두라고 부탁해 두었다.

베티·리타와 만나기 전에 루스·손힐은 그 위쟈반을 써서 영교신(靈交信)을 시도해 보았다. 그녀의 상대로는 그 고장의 목사가 선택되었다. 위쟈반은 그녀의 죽은 남편이 보내는 말을 전해 주었다.

무엇보다도 위쟈반은 자기의 잠재의식에서 발산하는 것에 영향을 받으므로 거기에 나온 결과를 감안해서 생각하지 않으면 안되었으나 죽은 남편의 긴급한 요망사항을 전하고 있었다.

그것은 죽은 남편 클로오드·손힐의 음악 저작권에 관한

일이었다. 죽은 남편이 출판사의 로버트·리사우어와 접촉하기를 바라고 있었다.

두 사람은 오랫동안 사귀어 온 사이였고 루스도 마찬가지로 친분이 있었다.

손벽을 치면서 유령과 대화를 나누고 있는 모습

5. 영계와의 접촉

 그런데, 부인이 베티·리타의 아파트에 가서 의자에 채 앉기도 전에 베티는 문득 한 사람의 이름이 떠올랐는데, 그것이 당신에게는 중요한 인물이라고 말하면서 로버트·L이라는 이름이라고 했다.
 "남자분이 지금 당신 뒤에 서 있습니다. 상체(上體)를 굽히고 당신에게 키스하며, '이건 나의 여인이다!' 이렇게 말하고 있습니다. 이름을 알 수 있습니다. 똑똑하진 않습니다만…… 분명히 C·L이라고 생각합니다."
 베티는 손힐 부인에 대해서는 말할 것도 없고 클로오드·손힐이 죽은 것도 알지 못하는 처지였다.
 영계의 송신인(送信人)은 베티를 통해 말하는 것이었다.
 "어떻게 하면 좋단 말이요. 하느님의 뜻이었오, 당신을 사랑하오."
 베티는 꽤 침착하게 심령의 매개를 계속했다. 루스의 가족 이름을 차례로 말했다. 이윽고 그녀는 자살한 어느 사나이의 일을 말했다. 매우 큰 뚜렷한 S라는 글씨라고 말하고 다시금 그녀는 말했다.
 "누군지 목을 매어 자살한 사람이 보입니다……M."
 훨씬 전의 일이었지만 머리 글씨가 S라는 신사와 친하게

지냈던 일이 있었고 그 사람은 매우 자존심이 강한 사람이었
노라고 나중에 손힐 부인은 설명했다.
　그는 그녀에게서 시원한 대답을 들을 수 없다고 생각되자,
자취를 감추고 권총으로 자살했다.
　이 사나이는 사실 '추군추군 하는' 사나이였고 또 한 사람,
머리글씨가 M라는 이름의 남자 친구도 있었다. 그는 자기가
너무 늙은 것을 비관하여 목을 매고 자살했다.
　이 두 사람 가운데 어느 쪽인가가 부인의 뉴욕 아파트나
시골집에 귀찮을 정도로 따라다녔던 것일까? 우연설을 내세
우는 사람은 여기서도 역시 우연을 주장할 것인가?
　두 건의 자살! 정확한 머리 글씨, 상담을 하러 온 여성의
신변에 대해서는 전혀 아무런 지식도 없는 영매(靈媒), 이런
조건인 것이다.
　"아름다운 어머니가 당신 뒤에 서 있습니다."
　하고 베티는 계속했다.
　"메리…… 마리라고 하나? 아니 메리군요."
　손힐 부인의 어머니는 메리였으나 아버지는 그녀를 마리
라고 불렀던 것이다.
　베티는 또한 부인이 매일 밤 침실에 들어가면 반드시 홋이
불이 벗겨질 것 같아서 곤란하지 않느냐고 그런 말도 했다.
그것은 틀림없는 사실이었다. 도대체 누가 그런 짓을 하는지
그녀는 전부터 알고 싶었다.
　베티는 어떤 죽은 사람의 이야기를 했다. 무엇인가 시계에
관한 일로 화를 내고 있는 사나이라고 말했다. 그것도 시계
와 자기에게 관계가 있는 일로 화를 내고 있고 누군가가 자
기를 '때려 눕힌' 일이 불만인 것이라고 베티는 설명했다.
　이와같은 설명을 들은 순간, 그 사건은 1950년대에 일어났

었고 이미 모두 잊은 일이었지만, 루스로서는 마음에 집히는 바가 있었다. 머리글씨가 S로 시작되는 바로 자살한 사나이인데, 그와 영교(靈交)를 하려는 그 신사와 시계에 얽힌 사소한 사건이었다.

그 시계는 루스의 것인데, 때마침 고장이 나서 그에게 고쳐달라고 부탁한 일이 있었다. 그런데 돌려받았을 때, 시계 뒤에 그의 이름이 새겨 있는것이 아닌가? 그가 시킨 짓이었다.

그런 일로 그녀는 화가 머리끝까지 났고 그래서 두 사람 사이는 벌어지고 말았다. 누군가가 그를 '때려 눕혔다'는 것은 '깔고 뭉겠다'는 뜻이며, 이 러시아계의 신사는 마음에 들지 않을 때에는 '깔고 뭉갠다'는 말을 곧잘 쓰곤 했다.

베티는 영계(靈界)와의 매개(媒介)를 계속하면서 루스에게 그녀의 죽은 남편이 계속 지켜 보고 그녀를 보호해 준다고 잘라 말했다.

"그는 지금 당신에게 커다란 한 송이 장미꽃을 주었습니다—사랑의 표적이라고 말하고 있습니다."

흔히 사람들은 꽃다발로 사랑의 표현을 하지만, 손힐 가문에서는 장미꽃이 항상 특별한 뜻을 지닌 꽃이었다. 루스는 이것이야말로 틀림없이 클로오드 그 사람을 상징하고 있다고 생각했다.

나는 이 강령회(降靈會)에 출석하지 않았으나 나중에 이야기를 들어서 알게 되었다. 베티는 물론 나와 손힐과의 관계를 알지 못했으나, 무언가가 책 속으로 들어가는 것을 보았다고 말했다.

그것은 글을 쓰는 사람이 관련되고 있다는 것을 뜻한다고 말했다. 사실 나도 이렇게 글을 쓰고 있는 것이니 말이다.

베티는 한 번도 가 본 일이 없는 집, 함부로 원고가 흐터져 있는 집 안의 상황을 완전히 말하면서 설명하는 것이었다. 이러는 동안, 계속 손힐 부인은 입을 꼭 다문 채 될 수 있는 대로 마음 속으로 아무 생각도 하지 않으려고 애쓰고 있었다.

갑자기 베티는 말했다.

"루스…… 루스가 무엇일까? 보라, 당신이 틀림없어요. 그도 그럴 것이 저 목소리가 '루스, 이렇게 해요' 하고 말하고 있으니까요."

리타 부인은 그 목소리가 무슨 사업을 정리하기 위해 서류를 갖추라고 말하고 있는 것 같다고 생각했다.

나는 손힐 부인에게 다음에 리타 부인을 찾아갔을 때의 기록도 보여달라고 부탁해 두었다. 특히 죽은 사람과의 교신(交信)을 증명한다고 생각되는 곳을 알고 싶었던 것이다.

11월 26일에 루스는 베티를 두번째로 찾아갔었다. 하지만 이때도 루스에 관한 일은 비밀로 둔 채였고 첫번째의 결과에 대해서도 베티는 아무것도 모르고 있는 터였다.

루스가 방 안으로 들어가자 곧 '영(靈)의 형태(形態)'로 나타난 손힐 부인의 가족에 대한 것을 차례로 말하는 것이었다.

"어머니…… 마리…… 차알스…… 윌리엄…… 존, 그리고 그 밖에 두 사람이 있는데 그들은 가족입니다."

손힐 부인의 어머니인 메리, 다시 말해서 마리는 형제가 일곱이어서 그 중에 존, 윌리엄, 차알스라는 사람들이 있었다.

"당신 뒤에 서 있는 사나이가 당신의 어깨에 두 손을 얹고 웃으면서 '이것은 내 아내요' 이렇게 말하고 있습니다."

하고 베티는 말을 계속하는 것이었다.
 또한 죽은 남편은 그녀가 메모를 하고 있는 것을 베티에게 알려 주고 있다고도 말했다.——메모를 한다는 것이 무슨 뜻인지 몰라서 베티는 곤란했던 것 같다——다음으로 머리글씨가 A로 시작되는 R박사에 대해서 말한 것이었다.
 이 메시지에서 흥미있는 일은 A·R박사는 루스와 클로드의 친구였었다는 사실이다.
 박사의 아내는 루스에게 회상록을 쓰라고 권하고 있다고도 베티는 말했는데, 사실 그녀는 그렇게 하려고 생각하고 있었던 터였다.
 "당신의 남편께서는 지금 당신에게 키스를 하고 있습니다. 그는 매우 미안해 하고 있고 어떤 일로 후회하고 있습니다. 그는 내게 '거래(去來)'니 '주식시장(株式市場)'이니, 적어지고 있다느니 하는 뜻의 말을 전하고 있습니다……. 남편께서 당신 옆에 무릎을 꿇고 있는 게 보입니다."
 분명히 죽은 손힐 씨는 아내의 충고를 받아들이지 않고 주를 샀으며, 그녀가 파는 게 좋을 거라고 말했는데도 그렇게 하지 않았었다.
 그 주는 지금은 휴지나 마찬가지가 되어 있었다. 별로 많은 주가 아니었으므로 지금의 루스에게는 아무래도 좋은 일이었지만 아내의 생활을 걱정하는 나머지 그 실패를 심각하게 생각하고 베티가 말했듯이 무릎을 꿇고 사과하고 있었던 것이리라.
 죽은 남편의 실재를 증명하기 위해——루스는 그때까지도 남편의 실재를 의심한 일은 없었지만——베티·리타는 지금 그가 루이즈라는 이름의 여성을 데리고 와 있다고 말하는 것이었다.

이것도 흥미있는 일이나, 손힐 씨는 처백모(妻伯母)인 루이즈의 명함을 항상 몸에 지니고 있었다.

백모가 죽은 뒤, 그녀의 남편이 손힐 씨에게 준 것이었다. 손힐 씨는 특히 그 백모님을 그리워 했던 것이다.

'저승'의 문은 부인에게 친밀감을 보이려고 하는 다른 사람에게도 지나가는 것을 허락했다. 분명히 이것은 그녀 자신에게도 심령 능력이 있었으므로 베티의 최고의 능력이 합쳐져서 거둘 수 있었던 성공이었다.

"콧수염을 기른 신사의 영혼(靈魂)이 보입니다. 왼쪽 귀가 먼 것 같습니다……. 무슨 화학 관계의 일을 하고 있던 사람이군요…… 피터, 그렇게 말하는데요. 당신에게 배의 닻을 보여 주겠다고 말예요……."

이만큼 상세하고 특수한 메시지가 있으면 증거는 충분하다고 할 수 있다. 손힐 부인이 기록을 보여주었을 때 나는 그렇게 생각했다.

말할 필요도 없지만, 베티는 루스나 그녀의 친구에 대한 일은 아무것도 모르고 있었다.

사실인즉 몇년 전, 손힐 부인은 피터라는 이름의 신사와 친했었다. 그는 콧수염을 기르고 있었고 왼쪽 귀가 난청(難聽)이었으며, 셀·오일의 중역으로서 탱커의 책임자였었다.

그와 그녀가 알게 된 뒤 오랜 세월이 지났었다. 런던의 전화번호부를 조사해 보아도 그의 부인, 어쩌면 미망인이 되었을지도 모를 일이지만, 그 사람의 이름밖에 실려 있지 않았다.

자기 스스로 혹은 매체를 통해서라도, 모든 사람이 누구나 루스·손힐과 같이 운좋게 '저승'과 접촉을 할 수 있는 것은 아니다.

아마 그녀는 보통사람보다 성능이 좋은 채널을 가지고 있었고 심령 대변인으로서의 능력을 갖추고 있었는지도 모른다.

그런 덕분에 베티·리타와 같은 영매를 통해 영계(靈界)와 접촉을 할 수 있었고, 만나고 싶은 사람을 만나보는 은혜를 입은 것이다.

베티와 두 차례에 걸친 회견에서 루스가 얻은 것, 그것은 죽은 남편이나 그녀가 아는 사람들 현재 생존하고 있는 사람들과 만난 그녀 자신의 체험에 의해 촉진되고 얻어진 것이지만, 생명체는 실제로 존속하고 있으므로 인간은 죽음을 두려워하거나 육체가 소멸되는 것이 인간의 생명의 마지막이라고 생각할 필요가 없다는 확신을 그녀에게 준 것이다.

그녀 개인에게 얽힌 이야기를 함으로써, 이와 같은 일에 의문을 품거나 그와 같은 증거를 가지고 있으면서도 아직도 확신을 갖지 못하는 많은 사람들에게 나의 뜻하는 바가 전해진다면 다행이라고 생각하는 바이다.

제 8 장
영혼과의 대화

1. 위쟈반(盤) 교신법

 십막언토(十萬億土)의 저편으로부터 조오 아저씨를 불러 내고 싶다는 소원은 인류의 역사와 더불어 옛부터 있어 왔던 일이다.
 이와 같이 무모하다고 할 수 있는 계획에 흔히 부수되는 약점을 찾아본다면, 우리가 '저승'과의 우연한 접촉만을 기다리고 있을 수 만은 없다는 점이다. 따라서 이 편에서 '저승'과 접촉을 하고 싶어하는 열의가 생기게 마련이다.
 말할 것도 없이, 누구나가 자기와 가깝게 지냈던 죽은 사람들과 접촉을 꾀하는 걸 바람직하다고 생각하지는 않는다. 또한 이와 같은 일을 시도하는 것이 타당하다는 특수한 견해를 품고 있는 사람도 있다.
 이것은 종교적인 마음에서 생기는 압력도 있을 것이고 근거도 없는 편견때문에 빚어지는 경우도 있다.
 또한 미지의 것에 대한 공포심에서 비롯되는 수도 있다. 한편 이와 같은 접촉은 당연한 일이라고 생각할 뿐 아니라, 오히려 바람직하다고 생각하고 있는 사람들이 훨씬 많다. 단순한 욕망에서부터 순수하게 영적인 호기심에 이르기까지 그 동기는 다양하다고 할 수 있다.
 좋은 영매를 소개해 주지 않겠느냐고 하는 부탁 편지가 필자의 집에 오지 않는 날이 없다. 그 목적은 대부분 일신상에 관한 것이었다.

그와 같은 부탁을 하는 목적은, 언제나 사랑하는 사람과 어떠한 접촉을 하려는 데에 있다. 그 다음으로 많은 것은 자기 자신의 미래를 알고 싶다는 것이다.

죽은 사람은 생전때 보다 무슨 일이나 알고 있다는 추상적인 전제밑에서 지금은 죽었지만, 사랑하는 사람의 충고를 듣고 싶어한다.

그러나 그렇게만 간단히 되지는 않는다. 비구상세계(非具象世界)를 향한 길만이 현인(賢人)을 만드는 것은 아니기 때문이다. 오로지 죽었다는 것만으로, 죄인이 갑자기 천사로 둔갑하며 선인(善人)이 성자(聖者)가 되는 것은 아니다.

죽음이란 것이 그 모든 것을 순화시키는 것은 아니다. 만약 죽음이 무엇을 순화시킬 수 있다면, 영혼에게 무엇인가 새로운 것을 배우게 하고 그때까지 모르던 것을 알려 주는 것 뿐이다.

만약 죽은 사람에게 흥미만 있다면 '이승'에 있었을 때와 마찬가지로 그는 지식을 넓힐 수가 있는 것이다. 다시 말해서 생명은 존속한다는 것이다.

이와 같은 탓으로 어떤 사람은 죽은 뒤에 높은 지식을 얻었는데, 이 지식 가운데 미래에 일어날 사건을 예견하는 것도 포함되어 있다는 것은 결코 거짓말이 아니다.

현세에 있어서 일상생활을 예견하는 일을 방해하는 시간과 공간의 장벽이 비육체적인 세계에서는 존재하지 않기 때문에 이와 같은 일이 있을 수 있는 것이다.

사건은 그것 자체로써 생기는 것이다. 투철한 투시력을 지닌 사람만이 시간을 초월한 '저승'을 꿰뚫어 볼 수 있으며, 그 일은 '이승'에 살아있는 친지들에게 알려 줄 수 있는 것이다. 그러나 모든 죽은 사람이 이렇게 할 수 있다는 것은 아니며, 만약에 그것을 알리고 하는 개개의 의지가 없다면, 죽었다고 해서 그렇게 할 수 있도록 아무런 도움도 줄 수 없다.

단순하게 생각하는 사람들에게는, 현실 세계의 생활 속에 깊이 뿌리박은 종교처럼, 죽은 사람의 초능력에 대한 신비스런 신앙이 싹터 왔다.

이토록 진실과 거리가 먼 일은 있을 수 없는 일이다. 산 사람과 죽은 사람의 유일한 차이는, 그 육체가 지닌 농도의 차이일 뿐 꼴불견의 '포장'인 육체보다는 영체가 보다 큰 기동성을 지니고 있다는 것뿐이다.

이와 같이 죽은 사람과의 접촉을 바라는 일은, 접촉을 할 수 있는 적당한 개인만의 문제에 한정된다. 특히 성격적으로 균형이 잡히지 않은 사람, 너무 줏대가 약한 사람은 적어도 심령연구가의 적절한 지시나 협조 없이는 근원적으로 위험하다.

우선 사랑하는 사람을 잃은 것에 참을 수 없는 사람은, '저승'에서의 생명에만 중점을 지나치게 두어 자기에게는 받아들여지지 못하는 관념이라고 체념하고 만다.

육체에는 육체만이 지닌 일이 있고 죽은 사람은 현실의 인간관계 속에서 산 사람의 대신 노릇을 할 수 없다.

육친을 잃은 사람은 살아 있는 사람들 사이의 인간관계를 계속 추구하는 일과 죽은 사람과의 유대를 바꿔 놓고 만다.

근친을 잃은 사람이 슬퍼하는 것은 죽음이 절망 이외에는 아무것도 없는 '저승'으로 가는 암흑의 재액(災厄)이며, 비참하고 파멸만 가져오는 사건이라고 많은 사람들이 생각하고 있는 잘못된 관념에 바탕을 두고 있기 때문이다.

종교에 따라서는 신자가 살아 있고, 정신적으로 또는 물질적으로 이바지할 수 있는 동안은, 그들이 교회를 유지하기 위하여 그들을 꼭 붙잡아 두기 위한 방법으로 이런 생각을 부채질하기도 한다.

일부의 종교인, 여러 종파들이 설명하는, 인류가 불멸의 영혼을 지니고 있다는 불멸설(不滅說), 부활설(復活說)·천국·지옥에 대하여 말하는 종교의 교의는, 도덕적인 의의를 지닌 상징적인 우화이다. 이것을 글자 그대로 진지하게 받아들일 수가 없게 되어 있으나, 그런것이 아닐지도 모를 거라는 의견을 내놓고 있다고 하더라도 대부분의 종교는 앞서 말한 생각을 부채질하고 있는 것이다.

육친을 잃은 사람이 스스로 택한 교회에서 거의 또는 전혀 위안을 받지 못하고, 사랑하는 사람과 먼 '저승'에서 재회할 것에 대하여 극히 막연한 보증만을 받고 내쫓길 경우, 그 사람이 자기 자신의 영계 채널을 요구하는 것은 지극히 당연한 일이다.

이들 채널에는 진짜도 있으나, 그렇지 않은 것도 있다. 감정적으로 스트레스가 있는 대부분의 사람들에게는 얼핏 보아서 그 채널이 진짜인지 가짜인지를 분간하기가 불가능한 것이다.

더구나 영교신(靈交信)을 원하고 성공하기를 바라는 마음이, 사기인지 자기 기만인지 생각지 않고 지나쳐 버리니까 이러한 요인이 되고마는 것이다.

자연발생적인 현상, 다시 말해서 죽은 사람 쪽으로부터 보내온 교신은 앞서 말한 요인이 전혀 없는 본연 그대로의 사상(事象)인 것이다.

현실적으로 접촉하고 메시지가 전달되기까지, 살아 있는

사람은 전혀 알지 못하는 입장에 놓여 있는 것이다. 따라서 메시지 가운데 영매가 모르는 특수한 내용이 포함되어 있거나 영교신이 직접 수신인에게 보내져 오더라도 그 사람 자신의 지식은 전혀 고려하지 않는 것이다.

10년 동안이나 조오 아저씨의 일을 생각한 일이 없는데, 갑자기 사별한 그의 아내에 대하여 특정한 메시지를 전하는 아저씨의 음성을 들은 사람이 있다면 그 목소리를 '환각'이라고 단정할 수는 없다.

그것이 정확한 메시지일 경우에는 더욱 더 그렇다. 전혀 관계가 없는 사람이 영매를 통하여 교신하고 수신인이 그 메시지를 이해하기 위하여 열심히 고개를 갸우뚱하고 찾아다닐 경우, 환각설은 근거 있는 설이 될 수는 없다.

죽은 사람과 교신하기를 원하는 산 사람에게는 정당한 이유가 있을 것이다. 죽은 사람만이 해결할 수 있는 미완성의 일들, 사랑하는 사람의 행복과 불행, 삶이 존속된다는 것을 확인하고 싶다는 소원, 또는 특정한 일에 한하지 않고 '저승'에 대하여 더 많이 알고 싶다는 것 등이다.

어느 편이나 교신 채널을 만들겠다는 훌륭한 이유가 되는 것이다. 살아있는 사람 개인의 운명, 애정생활, 미래의 전망에 관한 관심은 예지를 전문으로 하는 투시능력자에게 맡기는 편이 오히려 적당하다. 그러나 이번 경마에서 어느 말에 걸어야 좋다는 걸 알고 싶다는 경우에 대해서는 분명히 말해두고 싶다.

그런 버릇을 못 버리겠다면 잠시 점쟁이에게나 가서 부탁을 하는 것이 오히려 훨씬 나을 것이다.

다른 사람의 미래를 꿰뚫어 보는 투시능력자에게서 얻은 정보는 도대체 어느 편에 속하느냐 하는 것이 문제이지만,

그런 것이 ESP능력을 통해서 얻어진 것인지, 혹은 죽은 근친이 알고 싶어하는 의문에 대해 이로운 정보를 준 것인가에 따라 정해진다. 어떻게든 간에 결과는 말할 것도 없이 초능력적인 것이다.

가령 당신이 어떠한 이유로 죽은 근친과 접촉하는 일에 흥미를 가지고 있다고 하자. 어떻게 하면 좋겠는가?

가장 간단한 방법의 교신은, 당신과 그, 또는 그녀가 전화로 주고 받는 형식과 같은 것이 될지도 모르지만, 그것의 대용품으로서는 점술판이 좋을 것이다. 다시 말해서 점술판(占術板)에 대해서는 이미 말했다. '예', '아니오'나 알파벳을 쓴 얇은 판자이다.

작은 나무로 만든 지시기(指示器)가 판자 위를 미끄러져서, 그것이 저쪽의 글씨나 말이 써있는 곳에서 멎는다. 당신의 손과 그밖의 한 사람이나 두 사람이 각각 한 손을 그 지시기 위에 가볍게 놓는다.

때로는 거꾸로 세운 컵을 지시기 대신으로 써도 상관없다. 점술판은 아무런 신비스러운 힘도 지니고 있지 않다. 어떠한 초능력적인 성질이 그것을 통하여 생긴다면, 그 일을 일으킨 것은 당신과 함께 손을 얹은 사람일 것이다.

이상에서 나타난 결과는 당신과 당신이 자리를 같이 한 사람들에게는 무엇이 어떻게 됐는지 모르겠지만, 그것은 당신들의 잠재의식에 깊이 뿌리박고 있었던 것인지도 모른다. 점술판은 당신들의 잠재의식을 끌어내는 작용을 하므로 이와 같이 해서 얻은 결과는, 비구상적인간(非具象的人間), 다시 말해서 죽은 사람과 실제로 말을 나눈 증거가 될 수 없는 게 상례이다.

그러나 때로는 이런 방법으로 죽은 사람과 산 사람이 교신을 할 수 있었다고 생각되는, 전혀 예상외의 자료를 얻는 수도 있다. 이것이 사실인지 아닌지를 증명하려면 모든 것을 완벽하고 가장 면밀하게 하지 않으면 안된다.

정말 당신이 전혀 몰랐던 일을 영혼이 보냈다는 증거가 있는지 어쩐지, 즉 그때에는 몰랐으나 나중에 그 자리에 없던 누군가에게 물어보고 그 내용을 확인할 수 있는가 없는가, 또한 그렇게 해서 얻은 증거에 잘못이 없다는 것을 결정할 수 있느냐 하는 일이다.

점술판을 통해서, 아무도 아는 사람이 없는 인물이고, 그 인물의 생활 구석구석까지 잘 아는 사실이 있음에도 불구하고 조사할 수 없는, 하지만 분명히 엉터리라고 생각되지 않는 '인격'에서 얻어진 교신, 바로 이것이 단정하기를 망서리게 하는 요인이라고 나는 생각하고 있다.

어떤 경우에는 탄생에 관한 기록이나 군대에서의 경력이나, 가족에 대한 정확한 지식, 그들에게 얽힌 진실된 자료까지도 가르쳐 주는 수가 있다. 그럼에도 불구하고 신중한 조사를 마친 뒤에도 이런 일이 입증되지 않는 것이다.

아마 이럴 경우에는 수신인의 상상에서 생긴 창작이나 점술판을 조작하는 이가 만든 거짓이 아닐까? 그렇지 않다면 입증하기 위한 조사가 불충분했던 탓일까?

필자에게는 영계에 사기꾼이 있다고는 도저히 생각되지 않는다. 다시 말해서 죽은 사람이 누군가 남을 가장한다는 그런 일인 것이다.

악마론(惡魔論)이나 과거의 종교적인 착란된 마음에서 생긴 이야기 속의 요정이나 정령(精靈)을 진정으로 취급해서 생각한 일은 단 한 순간도 없다.

필자는 어느쪽에나 확신이 설 때까지 점술판을 통해서 보내오는 아직 증명되지 않은 많은 송신에 대하여 결론을 내리지는 않는다.
 필자는 일단 그런 것들을 옆에 비켜 놓고, 필자가 입증할 수 있는 자료에만 관심을 갖게 될 뿐이다.

2. 공심법(空心法)의 습득

　제3자의 개입을 원하지 않고 죽은 사람과 교신하는 법은 이 밖에 또 있다. 점술판은 영교(靈交) 채널로서가 아니라 조수로서이지만, 적어도 본인 이외에 또한 사람의 인간이 필요하다.
　직접 비밀을 지키고 접촉하기를 원한다면 그 사람에게만은 초능력이 갖춰져 있어야만 된다. 초보적인 ESP 능력을 지니고 있다면 몇 개의 단계를 습득해서 초능력을 발달시킬 수는 있다.
　이 단계를 거치는 가운데 가장 중요한 것은 갖가지 명상(瞑想)의 형식이나 객관적인 사실의 세계에서 공심법(空心法)을 배우는 일이다.
　이와 같은 마음의 욕심이 없는 상태가 되면 의식적이나 논리적인 마음과 무의식 사이를 잇는 일반적인 인연에서 해방되고 마음과 마음으로 이루어지는 교신을 할 수 있게 된다.
　대체로 영족(靈的) 교신은, 사람이 이와 같이 공심법으로 받아들일 준비가 되면 '저승'에서 소리가 들려오는 것이다. 흔히 개인이 이쪽에서 부를 수 있게 되기 훨씬 전, 저쪽에서 영교신을 할 수 있다. 이렇듯 처음부터 살아 있는 사람이 조작해서 패권을 잡기 시작한 영교신의 실례는 거의 없고, 드물게 있는 일이지만, 비구상세계(非具象世界)와 그곳의 주민들에게 통하는 한 가지 방법이다.

가장 복잡하지 않은 방법으로는 마음 속에서 만들어 낸 구상적인 상념을 사랑하는 사람을 향해 외부로 방사시키는 것이다. 어떤 의미에서 이것은 신의 중개를 목적으로 하고 있는 것이 아니라 인간의 반응을 바란다는 점을 제외하면 기도(祈禱) 같은 것이다.

대부분의 사람들의 자기를 통하는 이 방법으로는 성공하지 못하는데, 이것은 훈련이나 인내나 직업적인 영매가 지니고 있는 그밖의 자질이 부족하기 때문이다. 그 방법으로 성공하는 사람들은 그때까지 그가 지닌 능력을 쓰지 않았던 전문적인 영매가 될 수 있는 소질이 있다는 것을 간단히 증명하고 만다.

이것을 할 수 없는 일반 사람에게 남겨진 방법은, 만약 그 사람이 죽은 근친이나 친구와 접촉을 원한다면, 평판이 좋은 채널, 다시 말해서 접촉을 가능하게 하는 좋은 영매를 찾아야 한다.

적당한 의논 상대를 데리고 영매를 찾아가는 일은 위험하지도 않고 매우 바람직하다. 결과가 없다든가 만족하지 못한다면 시간낭비가 될 뿐이다.

하지만, 그것이 의사나 변호사를 찾아가는 일과 똑같지는 않다고 할 수 있을까? 좋은 결과가 나타난다는 것을 미리 보장받지 못하기 때문이며 사람은 좋은 사람, 나쁜 사람, 태연한 사람 등 가지가지인 것이다.

변호사나 의사는 속이려면 얼마든지 속여먹기에 편리한 직업을 가진 사람들이다. 영매도 마찬가지이다.

개인적인 이유에서 직업적인 영매의 이름을 가르쳐 달라

고 부탁하는 편지가 산더미처럼 배달되는 것으로 미루어 보아도 많은 사람들이 죽은 사람과 접촉하기를 원하고 있다는 것을 알 수 있다. 반드시 필자는 영매를 추천하는 일은 거절하고 있다.

하지만 필자가 쓴 저서에 이름이 올라 있고 훌륭한 영매나 심령연구가가 있는 장소도 대강은 열거했으므로 성의 있는 사람은 그럴 생각만 있다면 찾아 내기는 어렵지 않을 것이다.

투시 능력이 있는 영매도 있다. 그들은 단순히 죽은 사람으로부터 메시지를 전할 뿐, 죽은 사람은 제3자의 눈에는 보이지 않지만, 그들 옆에 서서 영매에게 대답하고 그때 얻은 지식을 제공한다.

의뢰인 자신——교신을 원하는 사람——이 만약 영매를 통해서 얻을 수 있는 자료가 순수한 것이며, 다른 것으로 덧붙여지지 않은 것을 원할 경우에는 결코 자진해서 어떤 지식도 주어서는 안된다.

훌륭한 의뢰인은 '예'와 '아니요' 이외에는 말하지 않는다. 영매를 통하여 말한 것을 확인하는 데에는 그렇게 하는 편이 좋기 때문이다.

'예'라는 것을 확인하는 일은 영매가 '저승'과 접촉하는 일을 도와주고, '아니요'라는 말이 나타나면 일[교신]하기가 힘들게 된다. 그 밖에도 이제는 그것으로 끝났다고 할 때가 되기 전에는 무엇에 대해서 자세히 설명한다는 것은 현명한 일이 아니다. 다시 말해서 차례 차례로 교신에 대한 해독이 진행되지 않기 때문이다.

정직한 영매는 의뢰인이나 영계의 송신인에 대하여 아무 것도 알려고 하지 않는다. 다만 영매는 단순한 회로(回路)인

제8장 영혼과의 대화 227

것이다. 영매를 통하여 무엇인가가 알려질 뿐 그 지식에 대해서는 책임도 지지 않고 내용에 관하여 관심도 갖지 않는다. 이를테면, 뉴욕의 베티·리타는 자기에게 오는 의뢰인은 전혀 그들 자신에 대해서는 말하지 않는다고들 했다.

프리이더·Z라는 부인은 1966년 3월 23일에 남편을 여의고 외롭게 살고 있었다. 그녀의 친구가 베티·리타에 대한 이야기를 듣고 전혀 알지 못하는 리타 부인에게 부탁하여 사랑하는 사람을 잃은 그녀에게 남편과 만날 수 있게 해달라고 부탁했다.

남편이 작고한 지 한 달 뒤, 프리이더·Z는 베티의 아파트를 찾아갔다. 그녀가 문을 닫고 서로 인사말도 나누기 전에 베티·리타는 부인을 보자, 이렇게 소리를 질렀다.

"주인께서 돌아가신 지 얼마 안되시는군요. 주인께선 여기 계시면서 아까부터 여기 있다는 걸 당신에게 전해 달라고 말씀하고 계십니다."

또한 죽은 남편이 그녀의 볼에 다정하게 키스하고 울지 말라고 부탁하고 있다고도 말하는 것이었다.

"당신의 이름은 프리이더입니다,"

하고 베티는 계속해서 말하고 부인은 그녀를 통해서 죽은 남편과 이야기를 한다는 감동적인 시간을 보낸 것이다. 그 기록서에 자진해서 서명을 한 부인은,

"틀림없이 그녀를 통하여 남편이 내게 이야기를 한 것입니다."

이렇게 말하고 있다. 이렇게 인정된 전달 내용을 Z부인이 교신한 것은, 그녀의 죽은 남편이라고 확신할 만큼 속일 수 없는 것이었다.

영매를 통하여 죽은 남편이 그녀에게 말한 것 중에는 미래

에 대한 일이 포함되어 있고 그때에는 부인에게 전혀 짐작도 할 수 없는 일이었던 것이다. 하지만 그때 말한 일은 나중에 실제로 나타났다.

필자 자신도 베티·리타가 죽은 사람과 대화를 나누었고, 죽은 사람이 그녀에게 말한 많은 증거를 가지고 있다.

극히 최근에 있었던 일은 1966년 8월 20일에 필자가 사는 아파트에서 일어났다. 필자가 미국을 떠나 있는 사이에, 아버지께서 1966년 7월 25일에 뜻하지 않게 돌아가셨는데, 그것은 유럽에서 막 돌아왔을 무렵의 일이었다.

베티의 방에서, 필자와 필자의 아내인 캐시가 건너편에 앉자마자, 필자의 아버지가 이 자리에 와 계시며 그는 죽었노라고 말하는 것이었다. 아버지가 돌아간 것을 그녀가 알고 있었는지 어땠는지 지금도 필자는 알 수 없으나 그때 필자는 그녀에게 그런 일에 대하여 주의를 기울일 만한 일은 하지 않았다고 생각하고 있다. 하지만 만약 그녀가 아버지의 죽음을 알고 있었다고 하더라도 그가 언제 어디서 어떻게 돌아가셨는지는 알 까닭이 없었을 것이다.

그런데 그녀는 곧 아버지의 마지막 몇 주일 동안의 상황을 자세히 말하기 시작했다. 그녀는 아버지의 방 안의 상태를 말한 다음 이렇게 덧붙여 이야기했다.

"레오…… 안나가 당신에게 키스를 보내고 있오…… 아버지는 K박사가 할 수 있는 한의 일은 다 해주셨노라고 말씀하고 있오."

베티·리타는 필자의 아버지의 이름이 레오라는 것을 절대로 알지 못했었다. 또한 필자의 식구들이 30년 동안이나 데리고 있던 가족처럼 생각하고 있던 요리인의 이름이 안나라는 것도 알리가 없었다.

안나는 1964년에 이미 죽었었다. K박사에 관한 말은 필자에게는 특히 감동을 주는 이야기였었다.

아버지와 필자의 친구의 한 사람의 이름이 부르노·키슈 박사였다. 박사는 유명한 심장전문의사였었다. 하지만 아버지는 만년에 이르러 사람의 이름, 그것도 성까지 합친 이름 전부를 몹시 잘 잊어버리는 버릇이 생겨서 키슈 박사에 대해서는 늘 'K박사'라고 불렀었다.

아버지는 마지 못한 경우에만 진찰을 하는 의사들을 몹시 경멸하고 있었는데, 키슈 박사만은 항상 최고의 명의(名醫)라고 칭찬하곤 했었다.

필자는 곧 이 말을 전하려고, 뉴욕의 르브클린에 있는 키슈 박사 댁으로 전화를 걸었다. 그런데 전화를 받은 사람은 박사의 '미망인(未亡人)'이었다. 키슈 박사도 필자가 외국에 가 있는 동안에 뜻하지 않게 사망한 것이다.

아버지가 사망한 것은 7월 25일이었고, 키슈 박사는 8월 12일에 죽었고, 베티·리타가 그녀의 영매계(靈媒界)를 통하여 아버지를 부른 것은 8월 20일이었다. 그런 탓으로 아버지가 박사는 가능한 수단을 다 해주었다는 말을 했을 때, K박사는 그의 옆에 있었던 게 틀림없었다.

생전의 아버지는 죽은 뒤의 삶에 대한 것은 절대로 믿지 않았었다. 시간이 흐름에 따라 다소 태도가 부드러워졌다고는 하지만, 이 문제에 관하여 진심으로 관심을 보여준 일은 없었다.

"너에게 축복이 있기를 빈다."

이렇게 그는 베티·리타를 통해 내게 말했다.

"나는 믿지 않았으나, 너는 내게 가르쳐 주었었지. '저승'에 갔을 때 너의 가르침이 도움이 되었다. 정말이란다!"

또한 그는 써 버린 돈은 도로 찾게 된다고 덧붙여 말했다. 아버지는 항상 돈에 대해서는 속된 사람이어서 그가 노년의 그를 돌보기 위해 필자가 쓴 돈에 대하여 그는 몹시 신경을 쓰고 있었다.

사실 필자가 장례 비용으로 쓴 돈은 이 일이 있은 뒤에 곧 사회복지 기관을 통해 내가 찾을 수 있었다. 그는 사소한 액수의 은행 예금조차도 갖고 있었다.

필자의 아내를 보고 리타는 '아렉스'가 들어왔으나 그와 같이 피이터라는 사람도 있다고 말하는 것이었다. 베티·리타는 캐더린의 아버지의 이름이 알렉산더라고 하며, 그녀의 죽은 오빠 테디는 피이터라고 불렀다는 것을 전혀 알 까닭이 없었다.

1966년 12월 22일, 필자가 요구에 응해 갔던 강령회(降靈會) 때, 베티·리타는 이렇게 말했다.

"당신의 아버지는 막스와 함께 계십니다. 당신의 어머니와 나란히 당신의 가족들과 옆에 꼭 붙어 서 있는 이는 마아사와 쥴리입니다."

필자의 아버지의 형님은 막스라고 불렀었고, 아버지보다 몇 년 앞서서 불멸(不滅)의 세계로 떠났다. 어머니는 마아사라고 했고 외할머니는 쥴리라는 이름이었다.

1967년 5월 7일, 베티·리타는 필자의 큰처남인 피이터와 접촉했다. 그에게서는 자동차가 고장 없이 움직이고 있는 게 기쁘다는 말이 나온 것이다. 필자는 그가 죽은 뒤, 그가 쓰던 중고차를 샀으나 필자의 가족들이 만족할 만큼 제대로 움직이지 않아서 우리들의 고민거리였었다. 마침내 우리는 그 차와 시트로엔의 새차와 바꿨더니 그 새차는 아무 고장도 없이 잘 움직이고 있었다.

3. 놀라운 트랜스 영매(靈媒)

 아마도 죽은 사람과의 교신에서 가장 유명한 것은 바이크 승정(僧正)과 그의 죽은 아들과 주고 받은 영적인 대화일 것이다. 승정 자신이 이 귀중한 교신을 기록하고 있고 그의 체험에 대하여 일간지도 흥미를 가지고 취급했었다. 그의 죽은 아들은——자살했지만——처음에 영국에 있는 그들의 아파트에 있던 아버지에게 직접 나타났었다.
 후에 바이크 승정은 에나·토이그나 아이더·포오드와 같은 유명한 영매와 의논해서 절대로 엉터리를 부릴 수 없도록 만반의 준비를 갖추었다.
 캐나다의 텔레비젼 방송국에서 있었던 강령회의 하나는 몇 백만이라는 시청자의 주목을 끌었다. 그의 체험에 대하여 나와 토론을 했을 때, 승정은 '저승'과 그가 접촉한 것은 이것이 처음은 아니고, 오랜 세월을 걸쳐서 심령현상과 맞부딪치고 있었음을 분명히 밝혔다.
 이 가운데에는 생전에 교회의 운명문제로 의견이 대립된 그의 선임자라든가 무슨 까닭에선지 잃어버린 보석이 달린 십자가를 계속 찾고 있는 목사의 영도 포함되어 있었다. 그렇지만 이들의 접촉은 오히려 유령의 분야에 들어가야 할 것이었다.

아들인 짐이 죽은 후로는 반드시 완전한 증인이나 교회 관계의 사람들이 있는 앞에서 뚜렷한 증거가 있는 접촉이 그와 아들 사이에서 이루어졌었다.

바이크 승정 자신의 잠재의식에서 생길 까닭이 없다는 것까지 분명히 밝혀졌었고 전혀 그가 관련되지 않은 일이 포함되어 있었다.

산타 바아바라에서 내가 마지막으로 그를 만났을 때, 그는 쓴웃음을 지으며 이렇게 말했다.

"처음에 모든 사람은 내가 충분히 믿고 있지 않다고 불평을 했었지요. 하지만 지금에 와서는 지나치게 믿는다고 생각하고 있어요."

그는 교의상(教義上) 의문이 나는 것을 감히 말했던 것이다. 그것이 준(準) 이단재판(異端裁判)과 같은 결과를 가져왔던 것이다. 승정은 현대의 사실성과 진실탐구에 이어 고대 신앙을 부활시키려고 노력했던 것이다.

죽은 아들과 이야기를 했다는 사실을 발표하자, 그것을 과학적인 감정에 맡기려고 하지 않고 육체가 죽은 뒤의 생존의 문제를 놀라게 하려는 허풍이라느니, 신앙심이 없어서 그렇다느니 하고 반대하는 사람들이 나섰다. 그러나 바이크 승정은 당당히 자기의 의견을 내세우고 세계를 향하여 자기가 안 일은 틀림없는 진실이라고 말했다.

그 자신의 신변에 일어난 일이 없었고 공정한 사람이라면 뚜렷한 증거도 있고, 조금도 거짓이 없는 것으로 인정하지 않을 수 없는 조건 밑에서 이루어진 일이었기 때문이다.

1967년 8월 5일, 필자는 에셀·존슨·마이어즈를 코네티커트의 자택으로 방문했었다. 밝고 조용하고 안정된 분위기여서 죽은 사람과 대화를 하기에는 안성맞춤이었다.

제8장 영혼과의 대화 233

 잠시 후에, 실신 상태에 들어가기 전에 에셀은 앨버트가 이 방에 있다고 말했다. 앨버트는 '이승'과 '저승'을 연결하는 이른바 교환수와 같은 역할을 하고 있었다. 앨버트는 에셀의 첫남편으로서 그의 죽음을 슬퍼하여 절망상태에 빠져 있는 에셀에게 이야기를 걸어 그녀를 슬픔에서 구해 준 것은 그의 유령이었던 것이다.
 그 일은 꽤 오래 전의 일이었으나 실제로 그녀는 자살할 생각까지 하고 있었던, 그런 그녀에게 생명은 죽은 뒤에도 계속된다고 설득한 이가 다름 아닌 앨버트였던 것이다.
 그 당시 에셀은 심령술이나 심령현상에 대하여 전혀 지식이 없었는데 이와 같은 체험이 있었기 때문에 그녀는 이 분야에 흥미를 갖기 시작했던 것이다.
 처음에 그녀는 당시의 훌륭한 영매들과 자주 만났고 죽은 남편이 앨버트와 접촉을 할 수 있도록 애를 썼다. 마침내 어느 날 그녀 자신도 훌륭한 트랜스 영매이므로, 그것을 규칙적으로 써서 그 능력을 발달시켜 보라는 권고를 받았다.
 샌프란시스코의 오페라 극장이나 음악회의 무대에서 찬란한 경력을 쌓은 그녀는, 성악을 지도하고 있었는데 2, 3년 전까지는 성악을 지도하면서 자기 자질의 반쪽면, 다시 말해서 영매 능력을 살리고 또한 수련을 쌓은 결과 차츰 그녀의 봉사에 대한 평판이 높아졌으므로 이 분야에서의 전문가가 되기로 결심했다.
 필자는 에셀이 연구 그룹을 위하여 강령(降靈)을 하고 있던 뉴욕의 케이시 협회의 본부에서 그녀 그리고 앨버트와 처음으로 만났다. 우리들은 곧 사이가 좋아졌고 그 뒤 여러 가지 기회에 함께 일하게 됐다.
 실제로, 에셀·존슨·마이어즈는 삼중(三重)의 재능을 지니고 있었다. 우선 그녀는 훌륭한 트랜스 영매로서 자신의 몸에서 빠져 나가 유령이 되고 그것에 자기의 언어 능력을 지니게 하여 직접 산 사람과 교신할 수 있었다. 이와 같은 그녀의 능력을 응용하는 단계는 앨버트에 의해 조작되므로 달갑지 않은 방해를 하는 것 같은 인격이, 이 영매에게 들어가서 해를 끼칠 수는 없는 것이다.

필자는 이 분야에서 오랫동안에 걸쳐 무수한 유령이나 헛개비의 사례를 통하여 에셀과 함께 일해 왔으나 그때마다 나중에 항상 트랜스 상태가 된 그녀의 성대에서 나오는 목소리를 통하여 표현되는 개성은 전에 육체를 지니고 산 육신의 생활을 해온 진짜 인간 바로 그 사람의 것이라는 걸 분명히 알 수 있는 것이었다.

이 밖에 에셀의 재능은 투시와 투청력으로서 그녀는 멀리 떨어진 곳이나 미래의 사건을 보거나 들을 수 있었다. 때로는 아것에 신비감응력이 합려지는 수도 있다. 다시 말해서 그녀가 읽고 알아 내려는 문제나 사건을 관계 했던 사람이 보았거나 갖고 있던 것을 만져봄으로써 알아 내는 것이다.

산 사람과 죽은 사람을 연결하는 사슬의 역할을 하는 그녀의 능력은 깨어 있는 영이인(靈移人)과 트랜스의 빙의와의 이 두 가지 자질을 앨버트의 조작으로 쓰고 있는 것이다.

그런데 필자는 에셀의 집에서 그녀와 자리를 마주하고 있었다. 앨버트는 이미 나타났고 필자의 부모도 그와 함께 있다고 말하는 것이었다.

필자가 그녀를 방문한 목적은 물론, 부모나 필자를 알고 있는 다른 누구에 의해 송신하는 능력을 사용하겠다고 생각하는 사람과 연락을 취하는 일에 있었다.

"그들의 곁에 여자가 있습니다. 얼굴이 갸름하고 머리는 위로 틀어 올렸고 머리 글씨는 E입니다. 당신과 비슷합니다. 이름은 에디스나 에보린이라든가…… 똑똑히는 모릅니다."

아버지의 단 한 사람의 누이동생인 에라는 필자와 함께 홀타 집안의 누구하고도 거의 닮았었다. 그녀가 부모와 함께 나타났다는 일은 다른 뜻에서 의미가 있었다. 에라와 필자의 부모와는 오랫동안 사이가 좋지 않았고 생전에 거의 얼굴을 대한 일이 없었다.

노년에 이르러 필자의 노력이 보람이 있어서 부모와 화해하고 편지 왕래도 다시 시작했으나 에라는 오랫동안 멀리 했던 일을 후회하고 어떻게든 보답을 하려고 애썼으나 그 뜻을 이루지 못했다.

에셀은 필자의 아버지의 모습을 이야기하기 시작했다. 매우 키가 크고 등은 굽지 않았다. 회색 양복을 입고 붉은 넥타이를 매고 있다.

노년에 필자의 아버지가 유감스럽게 여기고 있던 일은, 관절염때문에 다리가 불편해서 똑바로 걷지 못하는 일이었다. 훤칠한 키에 회색 양복과 '일요일'의 넥타이는 그가 마음에 들어하는 복장이었다.

"E의 곁에 검은 머리에 피부가 검은 사람이 보입니다."

하고 에셀이 말했다.

"이마가 꽤 넓고 머리 글씨가 L입니다. 함께 머리글씨가 M인 사람도 있습니다. 생각나는 바가 있습니까?"

필자는 머리를 세게 끄덕였다. L은 레오폴드라고 하는 에라 아주머니의 남편이었다. 에셀은 그의 인상(人相)에 대해 매우 적절하게 말한 것이다. 막스는 에라와 마음이 통하는 동생으로서 그녀는 오랫동안 비어있는 아파트에서 함께 산 일도 있고 그녀가 죽기 조금 전에 죽었던 것이다.

분명히 가족들은 그녀의 주위에 모여든 것 같았다. 에셀은 차례로 머리글씨를 말했으므로 그들은 한 사람씩 확인을 받기 위해 기다리고 있었다.
"G가 있습니다."
하고, 그녀가 말을 꺼냈다. 필자는 마음 속으로 사촌인 구스타프에게 반갑다는 인사를 했다.
"당신의 아저씨인 오토가 여기에 서 있습니다. 지금 그와 함께 있는 이는 E입니다."
E는 그의 동생이며, 나의 숙부가 되는 에밀일지도 모른다.
"당신의 아버지는 지금 이상한 일을 하고 있습니다."
하고 에셀이 말했다.
"그는 당신 어머니의 손을 잡고 왈츠를 추고 있어요."
젊었을 때 아버지는 춤의 명수였다. 하지만 노년에 다리를 앓기 시작한 뒤로는 춤을 출수 없었다. 하지만 '저승'에서는 자기가 젊었을 때를 생각하면, 바로 젊을 때의 나이가 되는 것이다.
"머리 글씨가 E인 아주머니는 폐기라는 강아지를 기르고 있었습니까?"
하고 에셀은 갑자기 물어보았다.
"강아지입니다. 매우 몸집이 작은, 하지만 다크스훈트는 아니고……"
그때 필자에게는 마음에 집히는 바가 없었다. 나중에 필자는 에라 아주머니가 사실은 두 마리의 강아지, 즉 보스턴 종(種)의 암개를 기르고 있었고 그 중의 한 마리가 폐기였던 것이 생각났다. 그녀에게는 어린애가 없었으므로 그 개를 어린애처럼 귀여워하고 개도 그녀를 지극히 따랐다.
"그녀가 카나리아를 기르고 있는 것도 보입니다."

하고 에셀은 말을 계속했다.
 카나리아까지 나오다니! 에라와 아버지의 사이가 멀어지기 전에, 아직 내가 어린애였을 무렵의 일이었다. 에라는 동물이라면 무엇이나 좋아했었다.
 실신상태로 들어갈 때가 되었다. 필자는 의자에 고쳐 앉고 우선 앨버트가 나타나고, 그 다음에 에셀의 도움을 빌린 '심령 마이크로폰'에 그가 데려올 수 있는 그 누구의 출현을 기다리고 있었다.
 여느 때와 같이 극히 짧은 시간에 심호흡을 하고 에셀이 스스로 공심법을 쓰자, 인격의 전면적인 분리현상이 일어나기 시작했다. 앨버트가 그녀의 몸 안으로 들어간 것 같았다.
 그는 또한 만나서 기쁘다는 말을 했다. 몇 달 동안이나 우리는 이야기를 하지 않았었다. 간단히 몇 마디를 주고 받은 뒤, 앨버트는 빠져 나갔고 그 기계——영매——는 필자의 작고한 아버지가 되었다.
 처음에는 그가 무슨 말을 하는지 몹시 알아듣기가 힘들었다. 에셀에게서 나온 목소리는 분명치 않았다. 차츰 목소리가 알아들을 수 있을 상태로 되었다. 동시에 이제 그는 완전히 편하게 걸을 수 있게 됐다는 것을 필자에게 보여 주기 위해 일어서려고 했다.
 필자는 영매를 안락의자에서 떠나게 하고 싶지 않았으므로 필사적으로 말리려고 했다. 선채로 못하게 하느라고 진땀을 뺐던 것이다.
 영매는 일어선 채로였고 그것은 아버지가 관절염으로 몹시 다리를 절게 되기전에 서 있던 모습과 꼭 같았던 것이다.
 필자가 다시 한번 앉아 달라고 애원을 하자 그는 필자의 청을 들어주었다. 영매의 앉음새는 필자 아버지의 특징을 그대로 나타내고 있었다. 손놀림, 눈을 감고는 있으나 얼굴 표정 등, 모든 것이 작고한 아버지와 꼭 같았다.
 에셀은 필자의 아버지를 알고 있었으나 그의 생전에 마지막으로 만난 것은 7년 전의 일인데, 그것도 필자의 결혼식 때 군중들 속에서였다.
 목소리는 흥분되어 있었고 자못 반가워 하는 것 같았다. 그는 마음에 꼭 드는 아들인 나와 이야기를 나눌 수 있다는 것이 기뻐서 웃으며,
 "난 빠져 나왔다. 빠져 나온 거야!"
 하고 분명히 말했다. 또한 이렇게 말하는 것이었다.
 "일어설 수 있단다!"
 그것은 알고 있었으나 매체(媒體)를 깜짝 놀라게 하지 않도록 그대로 앉아 있으라고 필자는 설득했다.
 "꼬마가 커졌군."
 이라고 그가 말했다. 이것이야말로 돌아가신 아버지가 늘 입에 담던 말이었다. 우리들의 귀여운 꼬마, 다시 말해서 아버지의 손녀 딸은 불면 날아갈까, 쥐면 터질까 하고 무척 사랑을 받으며 자랐고 필자 부부가 작고한 아버지의 아파트를 방문했을 때, 늘 인삿말처럼 하는 첫마디가 바로 이 꼬마에 관해서였다.
 "춤도 출 수 있다."
 이 말도 곧잘 쓰던 말이었다. 노년에 아버지는 곧잘 넘어지시고는 오랫동안 자리에 누워 있곤 했으나 좋아졌을 때에는 항상 이런 표현을 하곤 했다.
 "나 인제 건강하다."
 이것이 그의 입버릇처럼 하는 말이었다.
 "아버지께서 돌아가실 때 모시고 있지 못했던 것을 죄송하

게 생각하고 있습니다."
 이렇게 필자는 말했다. 필자는 미국에 있는 그의 곁으로 돌아오기 전에 그는 뜻하지 않게 이 세상을 떠났다.
 "난 너하고 같이 있었단다."
 하고 그는 대답했다.
 "독일……"
 아버지는 필자가 아일랜드에 있을 때 작고했으나 그의 병은 필자가 독일에서 강의하고 있는 사이에 시작되었고, 거의 때를 같이하여 의식이 혼수상태로 들어갔다. 다만 이 일을 내가 안 것은 훨씬 뒤의 일이었다. 그러므로 그의 필자에 관한 마지막 기억은 그가 발병당시, 독일에 있던 무렵의 나에게 연결이 되었을 것이리라.
 이어서 그는 지금, 필자의 어머니와 함께 지내고 있다고 말했다.
 "지금 어떤 일을 하고 계십니까?"
 하고 필자는 조금 머뭇거리면서 물어보았다. 그러자, 생전 처음으로 그는 킥킥거리며 웃었다.
 "너의 알 바가 아니다."
 농담을 말할 때에 쓰는 말투는 예전과 다름이 없었다.
 "지금은 누구하고 함께 계십니까?"
 하고 물어보았다.
 그는 내가 알고 있는, 그대로의 저 독특한 동작으로 손을 움직였다. 틀림없는 일이었다. 여기 있는 것은 틀림없는 필자의 아버지였다.
 "네게는 적이 많이 있다…… 그렇지만, 우리들이 사실을 가르쳐서 도와주겠다…… 인디언도 너를 도와줄 것이다…… 저토록 많은 인디언들을 본 일이 없다."

마침내 그는 웃었다. 독특하고 드높은 웃음소리였다.
 우선 지금 살고 있는 상념계(想念界)에 익숙해지고 자기의 상념이나 행동을 억제할 수 있는 것을 배울 수 있을 때까지 여기저기를 돌아다니고 있다고 그는 설명했다.
 "나는 건강하다."
 이렇게 그가 말했다. 겸손한 말투였다. 아버지는 죽은 뒤의 삶이 있다는 가능성을 인정하지 않고 젊었을 때에는 이 문제에 관한 말만 꺼내도 적극적으로 반박을 했었다.
 "자기가 있는 곳이나 자기가 살아 있다는 것을 나는 알고 있다. 어머니는 지금 멀리 가 계시지만 나를 국민학교 어린이 다루듯 하고 있단다…… 배울게 많이 있지."
 필자의 어머니는 아버지가 돌아가시기 12년 전에 세상을 떠나셨다. 필자는 그에게는 그렇다고 말하지 않고 베티·리타가 말한 것을 생각해서 '당신이 말씀하신 의사 선생님'에 대해 그에게 물어보았다.
 "지금은 의사 같은 건 필요 없다."
 하고 아버지는 대답했으나, 그 말도 그다운 말투였다. 아버지는 키슈 박사를 제외하고, 병원을 전문으로 경영하는 사람들을 의심하고 있었다.
 "무슨 도와드릴 일은……."
 하고 필자는 물어보았다.
 "나를 만나는 일이야."
 "예, 저도요."
 이렇게 말을 시작하자, 그는 필자의 말을 가로막았다.
 "잠깐, 잠깐만 기다려…… 어머니처럼 나를 만나다오.……어머니가 나를 지도하는 게 아니라 내가 어머니를 지도하는 걸 봐다오…… 나는 학교를 다시 다니지 않으면 안된다."

'잠깐, 잠깐만'이라는 말은 그가 무슨 요점을 간추려서 말하고 싶은 때에 하는 말투였다. 이 무렵이 되자, 그의 목소리는 띄엄띄엄 들려오게 되었다.

"9월 23일…… 해보겠다…… 너를 만나겠다……."

우리는 약속을 했다. 후에 나는 그날이 앨버트의 생일날이라는 것을 알았다.

그날에 일어난 일은 내가 두 사람의 영국의 영매를 만났을 때의 상황으로도 잘알 수 있을 것이다.

이윽고 필자의 아버지는 다시 사라지기 시작했다. 바로 그 뒤에 앨버트가 들어왔다. 잠시 '저승'생활에 대해 이야기를 나눈 뒤, 앨버트는 영매를 실신상태에서 깨어나게 했다.

에셀은 다시금 자기의 육체를 되찾았으나, 두 세계를 잇는 중개인으로서의 역할을 마친 한 시간 남짓 사이에 일어났던 일은 아무것도 기억하고 있지 못했다.

4. 영매의 위력

 '저승'으로부터의 흥미있는 연결에 접할 수 있는 것은 인간 생활에 있어서 극히 하잘것 없는 조그마한 일이다. 이런 하찮은 사실을, 이 일들을 통하여 접촉한 진실성을 강조하기 위해 필자는 감히 여기에 열거하는 바이다.
 이를테면 〈데일러·뉴우스〉지에 원고를 썼던 단튼·워커와의 사후의 접촉에 대해 말하기로 한다. 그와 생전에는 친하지는 않았지만 필자는 그를 알고 있었다. 다만 그의 청년시절의 일은 전혀 아는 바가 없었다. 이 일은 영매인 에셀·마이어즈도 마찬가지였다. 그가 죽은 지 몇 개월 뒤에 우리는 그와 접촉을 하려고 했다.
 강령은 전에 워커의 시중을 들어주었던 워커의 젊은 시절에 관해서는 별로 아는 것이 없었다. 단튼은 사생활에 대한 일과 특히 노년에 논설위원으로서의 명성을 얻고 화려한 생활을 보내기 이전의 자기에 관해 말하기를 꺼려했다.
 단튼·워커로 여겨지는 영과 약 15분 간에 걸친 문답이 있은 뒤 필자는 어떤 종류의 신분증명을 요구했다. 에셀·마이어즈를 통해 필자에게 이야기를 한 인물이, 필자의 옛 친구가 아니지 않나 하는 의심때문이 아니라, 그 당시 우리들 가운데의 아무도 모르고, 또한 나중에 사실 여부를 조사할 수 있는 것을 물어보고 싶었기 때문이었다.
 그는 크레이 빌이라는 곳을 지적하고 그곳에서 보냈던 생활은 즐거웠었다고 말했다. 조사를 해보니 단튼이 어린 시절에 살던 곳에 카라벨이라는 곳이 있고 그곳에서 그는 행복한 소년시절을 보내고 있었다.
 죽은 사람 혹은 멀리 떨어져 있는 사람과의 교신에서 진실성을 분명히 하는 테스트 중의 하나로, 같은 인물에 대해 전혀 관계가 없는 정보원에서 수집 정보가 맞는지 어떤지를 조사하는 방법이 있다.
 1964년 9월 10일, 필자는 영국 심령가협회에서 일하는 막달렌·케리와 만났다. 맨 먼저, 이때는 이번 한 번만의 대면이어서 필자는 그녀 앞에 앉았다.
 "당신 아버님의 친척 중에 심장병으로 돌아가신 분이 있습니다."
 하고 그녀가 말했다.
 아마 필자의 할아버지였으리라. 또 한 사람의 런던의 영매인 아이비·자거스도 필자가 그녀에게 접촉을 부탁했을 때 할아버지의 영이 나타난 것을 이야기한 것은 재미있는 일이다.
 어느 쪽의 영매나 내가 만나러 온 일이나, 필자에 관한 일은 아무것도 몰랐으므로, 필자를 기쁘게 하기 위해 필자의 죽은 근친의 정보를 교환하고 있었다고는 생각할 수 없었다.
 1967년 9월 27일, 필자는 또다시 막달렌·케리를 찾아갔다. 아내도 필자도 그녀를 알고 있었으나 그녀는 기억하고 있지 않았고 또한 기억하고 있을 수도 없었다. 그도 그럴 것이 그녀는 1주일 동안에 적어도 백 명이나 되는 사람과 만나는 것이다. 게다가 의뢰인이 일단 방에서 나가면 완전히 그 사람에 대해서는 잊어버리는 자기 훈련도 쌓고 있었다.
　대부분의 영매가 그렇게 하려고 애쓰고 있다. 매우 많은 수의 사람들과 그들에게 말한 것을 기억하고 있으면 그것이 무거운 짐이 되어 의뢰인들이 안고 있는 문제때문에 자기 자신이 감당을 못하게 되고 만다.
　모든 일에 초연해지는 일이 영혼의 매개(媒介)를 실패하지 않고 오래 계속하기 위해서는 지극히 필요한 조건이 된다.
　미국의 심령가(心靈家) 마을에 있는 카아드를 쓰는 사람 중의 극히 적은 수의 사기꾼들만이 손님 가운데 속이기 쉬운 사람들을 외어 두거나 상대를 기억하려고 애를 쓴다. 하지만 그들은 우선 무엇보다도 진정한 영매가 아니라, 미국의 심령가 조직이 믿을 수 없을 만큼 관대한 덕분에 어떻게든 생존을 하는 것이다.
　각 조직은, 명부(冥府)에 있는 사람에 대한 근거가 있는 반대론을 무시하는 경향이 있다.
　"영계에서 오신 당신의 아버지는 이곳에 계십니다."
　하고 그녀가 곧 말했다.
　"또한 몹시 기뻐하고 계십니다. '저승'에 가셔서는 자기가 얼마나 잘못 생각했었는지 여러 가지 면에서 잘 깨닫고 계신 겁니다. 그는 지금 열심히 이 잘못을 보상하려 하고 있습니다. 그는 경제적인 뜻에서, 당신이 가장 좋은 상태에 있을 수 있도록 도와 주려 하고 계십니다."
　아버지가 가장 걱정하고 있는 일은, 노년에 그를 위하여 필자가 돈을 쓴 일이며, 항상 필자의 경제적인 면이었던 것이다. 그는 필자가 물질적으로 늘 부족함이 없도록 신경을 쓰고 자주 그 일을 입에 올리곤 했다.

케리 부인은 이윽고 필자의 돌아가신 한 어머니가 나타났다고 말하고, 그녀의 모습을 자세히 말했다. 또한 필자의 아내를 향하여 말했다.

"당신의 가족 중에 일찍 '저승'으로 가신 신사가 있습니다."

필자는 그녀에게 더 특징 있는 것을 말해 달라고 부탁하려 했으나 그런 일은 이 영에게는 적당치 않은 것 같았다.

"마음대로 오게 하면 되는 겁니다."

하고 그는 단호하게 필자의 말을 가로 막았다.

"전화로 하는 것 같은 질문을 해서는 안됩니다."

아내도 필자도 웃고 그 뒤부터는 그녀가 진행시키는 대로 맡기고 말았다.

"그 사람은 업계에서는 유명했고 모든 사람에게 사랑을 받고 존경도 받았었습니다."

하고 그녀가 말했다.

"당신과 인연이 있는 분 가운데 두 번 결혼한 사람은 없습니까?"

아내는 고개를 끄덕였다. 그녀의 아버지는 유능한 건축기사로서 그녀의 어머니와는 두번째의 결혼이었다. 그는 갑작스럽게 죽었었다.

"그는 당신에게 아버지와 같은 감정을 지니고 있습니다."

하고 그녀가 덧붙여 말했다.

필자가 미국 영매의 제1인자로 불리는 캐롤린·치프맨은 뉴욕시에 살고 있지만, 남부 출신으로 투시 능력이 있었다.

1960년 11월 3일, 필자는 초심리학협회의 위촉으로 영매를 찾아 다닐 때 그녀를 만나러 갔었다.

치프맨 부인은 필자를 알지 못했다. 그녀는 필자와 인연이 있는 몇 사람의 죽은 사람의 이름을 죽 늘어놓았다. 그녀는 필자의 죽은 어머니 아아사와 접촉을 하고 지금 이곳에 와서 내가 말하는 것을 듣고 있다고 말했다. 이윽고 그 접촉의 정당성에 대해 언급하고 필자의 호기심을 만족시키기 위해 이렇게 덧붙여 말했다.

"그녀를 축하하는 날이 끝난 지 불과 얼마 안됩니다."

돌아가신 어머니의 생일은 바로 그 이틀 전이었다.

에딘버러의 근교에 사는 도널드슨 부인이라는 여성이 1964년 8월 3일에 참석했던 즉석 강령회 석상에서 흥미있는 메시지를 필자에게 전해 주었다.

그녀는 당시 필자의 아내나 필자에 대해서는 아무 것도 아는 바가 없었다. 우리 부부를 보고 그녀는 헨리 어머니, 메리, 이렇게 이름을 늘어놓았다. 어쩌면 이것은 가족들일거라고 필자는 생각했다.

죽은 헨리 아저씨는 늘 필자의 할머니를 '어머니'라고 불렀었다. 오랫동안 부리던 그들의 요리인은 메리라는 이름이었으나, a에 힘을 주어 마아리라고 불렀던 것이다.

그 다음에 그녀는 존이라는 이름을 말하고 어머니를 그리워하고 있다고 말했다. 또한 그녀는 이 존이라는 사람은 갑작스럽게 죽었다고 말했다. 그런데 여기서 흥미있는 일은 이 메시지는 우리 부부 이외의 누군가에게 보낸 것이라는 사실이었다.

하지만 우리가 그 중개 역할을 할 수 있는 터였다. 필자는 곧 이 메시지의 발신인을 찾아 내었다. 필자의 친구인 존이었다.

그녀는 몇 년 전에 뜻하지 않게 갑자기 죽었다. 그런 탓으로 존은 필자를 통해 어머니에게 보내는 메시지를 보낸 것이다. 그녀의 아버지는 영(靈)의 교신을 처음부터 믿으려고 하지 않았다. 어머니는 진심으로 그런 것이 있다고 믿고 있었던 것은 아니지만 적어도 그 일에 귀를 기울이는 아량은 지니고 있었다.

이 메시지에 적합한 다른 상황은 생각할 수 없었다. 어머니조차도 필자의 친구라고 인정하는 존이라는 아가씨를, 필자는 달리 모르니까 말이다.

때로는 영매란 자신으로서는 알지 못하나, 적당한 수신인에게는 뜻이 통하는 암호문을 해독할 수 있는 적정한 인물을 찾아 내지 않으면 안된다는 약점도 있다.

유명한 캘리포오니아의 영매, 소피아·윌리엄즈의 누나인 고(故) 클라라·하워드의 경우는 적절한 인물을 잘 찾아 냈었다. 메시지는 필자에게 관한 것이었고, 필자는 출석하고 있었다.

강령회는 1960년 7월 2일에 그녀의 뉴욕에 있는 아파트에서 있었다. 그녀는 필자의 죽은 근친들의 이름을 하나씩 정확하게 들고 죽은 할머니인 시트라우스(본 이름은 스트란스키)가 회색이 감도는 잿빛머리였다는 것까지 설명했다. 사실 그 말이 틀림없었으나, 할머니는 생전에 그와 같은 자기의 머리빛깔 때문에 고민하고 계셨었다.

그녀는 심령 밧테리에 다시 충전이라도 하듯, 잠간 사이를 두더니 다시 말했다.

"매우 아름답지만 이 자리에는 적당하다고 할 수 없다."

이것을 독일어로 말할 것이다. 독일어가 나온 것은 이것이 처음이 아니라 그날 밤, 30년쯤 전에도, '그대는 아는가? 레먼의 꽃피는 나라를'이라는 독일어가 그녀의 입을 통해 들려왔다.

앞의 말은, 할아버지가 할머니의 장례식에서 한 말이고, 나중의 독일어는 유명한 가극(歌劇) 《마농》에 나오는 시적인 대사였다. 《마농》은 필자의 어머니가 몹시 좋아하는 오페라로서, 어머니는 아리아의 특정한 부분을 자주 콧노래로 불렀었다.

제 9 장
'저승'의 법칙

1. 저승의 의사(醫師)

'죽은 사람'과의 교신은 가능할 뿐만 아니라 자세히 증명될 수 있다는 것은 독자 여러분들도 이제 충분히 납득 했으리라 믿는다.

이미 증명된 사실을 이런 일은 있을 수 없다고 거부한다는 것은, 선입관에 사로잡혀 있는 완고한 불신일 뿐이다. 이것을 해소시키기 위해서 때로는 두뇌의 체조가 필요하기도 하다. 그들이 영혼불멸의 가능성을 거부하는 이론에 따르기 위해서 사실을 왜곡시키는 것은 결코 쉬운 일이 아니다.

이러한 정신적인 곡예사들 중의 한 사람인 프라이부르크 대학의 교수인 저명한 독일인 초심리학자 한스·벤다 박사는, 기회가 있을 때마다 학생들에게 자기는 절대로 영혼불멸의 가능성을 인정할 수 없노라고 말했었다.

이미 나타난 증거와 이제부터 나타나기로 되어 있는 대학으로부터 '색다른 생각을 하고 있다'는 비평을 받게 될 것을 두려워한 나머지 취하지 않을 수 없는 완고한 태도로써 현재 알려져 있는 과학적인 자료를 유물론적인 신비론의 좁은 테두리 안에 억지로 잡아 넣으려고 안간힘을 쓰고 있다.

그의 주장에 따르면 유령이나 '죽은 사람'으로부터 통신을 포함한 온갖 심령현상은 관찰자나 의뢰인의 이익을 위해 영매가 그 복제를 만드는 일종의 원격조작이 그 원인이 되어 있다는 것이다.
　만일 진정한 교신이 '저승'에서부터 온 것이라고 해도, 영매는 오직 호기심을 가진 자들을 기쁘게 하려고 하고 있을 뿐이다.
　한편, 심령에 관심을 가진 사람은 영매로부터, 영혼이 분명히 존재한다는 긍정적인 결과를 얻는 데에 기대를 갖고 심령가로 하여금 의뢰인들이 바라는 쪽으로 정보를 제공함으로써 그 심령현상이 일어난다고 생각한다.
　다시 말해서 벤다 박사의 견해에 의하면, 탐구자들 편에서 긍정적인 태도를 보이는 것만으로도 그런 심령현상을 나타내는데 충분하며, 따라서 모든 심령현상은 단지 영매들의 조작일 따름이다.
　물론 이 말처럼 진실에서 멀리 떨어진 견해는 없다. 긍정적인 태도가 때로는 보다 좋은 분위기를 만드는 것이 사실이지만, 대단히 어려운 강령현상을 반드시 성공시킨다고는 할 수 없다.
　한편 부정적인 태도를 나타낸 의뢰인이 상당히 증명도가 높은 통신을 얻은 많은 사례도 기록되어 있는 터이다. 그러나 덮어놓고 글자 그대로 영혼이 존재한다는 증거를 아무 비판 없이 받아 들인다는 것도 너무 조잡한 느낌이 드는 게 사실이다.
　만일 ESP현상을 연구하는 진지한 학도가 이용할 수 있는 증거가 이 구상세계(具象世界)와는 다른 곳에 비구상세계(非具象世界)가 있다는 것을 인정하지 않으면 안된다.
　이런 사실을 벤다 박사는 인정하려고 들지 않는다. 인정한다면, 인간의 마음과 심령(心靈), 혼(魂)등 표현은 아무래도 좋지만, 그러한 것을 갖고 있는 가능성이 있음을 인정하는 것으로 받아들여질 것이기 때문이다.

'죽음'이라고 하는 특정된 영역의 규범과 법칙에 대한 관심은, 물론 지난 수백 년에 걸쳐 과학자나 철학자, 의학자, 일반 사람들의 마음을 점령해 온 터이다.

필자 개인이 잘 알고 있는 많은 관찰 자료와 실례를 통해, 필자는 이 문제에 대해 몇 가지 결론을 얻을 수가 있었다. 이는 영혼불멸의 증거를 아무 비판없이 그냥 받아들이자는 것은 아니며, 현대의 과학적인 연구법 기준에 의해 그 증거들을 평가하자는 것이다.

아마도 앞으로 오랜 세월이 지난 뒤에는 무엇인가 다른 방법으로 알 수 있게 되리라고 생각되지만, 우선 당장은 이런 태도가 현실적인 것이라고 필자는 생각한다.

즉, 경험을 한 사람과 관찰자는 일치된 구체성을 얻기 위해 각자가 겪은 체험이나 결과를 서로가 알려 주고 있지 않다. 흔히 이야기하는 미리 타협을 지었다든가, 후에 서로 이야기의 앞뒤가 맞도록 조작하지도 않았다는 것이다. 상황이 일치함의 확인은, 저마다 독립적으로 분리되어 전혀 관련이 없는 실례를 자세히 조사한 뒤에 필자가 정리했다.

몇년 전 《보이지 않는 세계의 생명》이라는 제목의 안소니·볼저의 저서가 ESP 연구분야에 화제를 불러 일으켰다. 이 책이 하나의 조작에 지나지 않는다고 말한 사람도 있었고, 영계(靈界)의 생명체에 대해서 처음으로 합리적으로 소개했다고 높이 평가한 사람도 있었다.

이 책에 이어서 《속편 보이지 않는 세계의 생명》도 나왔다. 두 책이 다같이 심령연구 서클에서는 굉장한 논의의 대상이 되었다.

볼저는 영국의 영매로서, 자기는 로마 가톨릭의 고승(高僧) 로버어트·휴·벤슨의 대변자 역할을 했다고 주장하고 있다. 주로 자동기술(自動記述)을 통하여 이 죽은 고승──전 캔터베리 대승정의 아들──은 살아 있었던 당시의 자기가 범한 잘못된 생각을 바로 잡으려고 했다. 그가 말하는 잘못 가운데에는, 사후의 삶과 그것을 진실이라고 하는 주장에 대해 자기가 취한 부정적인 태도도 포함되어 있었다.

자기의 생각을 대변해 줄 수 있는 영매를 찾아낸 이 고승은 자기가 죽었을 때의 장면과 '저승'에서의 생활의 여러 가지 양상에 대해서 이야기를 하고 있었다.

하지만 이들 법칙은 우리가 살고 있는 '이승'과는 다르다.

볼저의 책을 읽고 필자가 우선 느낀 것은 어떤 종류의 의혹이었다. 그러나 필자는 의심하기를 그만두었다. 볼저가 쓰고 있는 내용의 대부분은 스웨덴보그의 《천국과 지옥》 속에서도 찾아볼 수가 있기 때문이었다.

18세기의 언어와 스웨덴보그의 독특한 시적(詩的) 문체는 볼저가 그린 것과는 다른 '저승'의 이야기를 하고 있었지만 두 책에 쓰여진 기본적인 사실은 모두가 공통점을 갖고 있었다. '저승'에서의 생활에 대한 부수적인 이야기는 다른 심령서(心靈書)에서도 도처에서 찾아볼 수 있다.

필자가 연구한 실례의 대부분은 '저승'에 대한 기록적인 요소를 포함하고 있다. 즉 '당신이 죽으면 어떻게 되는가?'라는 사실이다.

죽을 때가 가까워지면 앞서 이 세상을 떠난 근친자와 친구들이, 눈 앞에 닥쳐 온 '이승'에서 '저승'으로 옮겨 가는 일을 도와주기 위해 주위에 모여들게 된다.

빈사 상태에 놓인 사람은 흔히 죽기 전에 그들을 보는 수가 있다. 죽음이 눈 앞에 닥쳐오게 되면 의식과 무의식의 속박이 매우 느슨해지기 때문이다.

미국 심령학협회의 카리스·오시스 박사는, 여러 병원에서 위독한 환자를 관찰하여 보람찬 연구를 해온 사람이다.

그의 보고에 의하면, 죽어 가고 있는 사람만이 보거나 듣거나 할 수 있는 죽은 친구나 근친의 출현이라고 생각되는 현상이 병실에서는 흔히 볼 수 있다는 것이다.

전에는 이러한 현상을 '죽어 가고 있는 인간이 보는 환각' 으로서 간단히 취급되었었다. 즉 삶의 최종단계에 이른 병자는 정신적인 능력이 결핍되기 때문에 그 증언을 바로 받아들일 수 없다는 이야기였다.

지금은 이같은 현상에 새로운 눈길을 돌리고 있는 심령연구가도 있다. 필자 개인의 견해로는 죽어 가고 있는 사람이 죽은 근친이나 친구를 볼 수 있다는 데 의심을 갖지 않는다. 육체가 삶과 죽음의 투쟁을 포기할 때, 육체와 인격과 마음, 기억을 가진 에테르체, 즉 육체와 그 속에 깃들어 있던 생명체를 연결시켜 주고 있던 '은실'이 끊어진다.

보다 많은 경험을 쌓은 영혼들의 도움을 받아서 '새로운' 생명체는 육체에서 빠져 나와 '저승'으로 안내된다.

병의 종류에 따라서는 할 수 없는 경우도 있지만, 보통 죽는 사람에게 이런 일이 일어날 때는 아직 의식이 남아 있다. 불행한 일이지만, 현대의 의사들은 이러한 위독환자에게는 고통을 덜어 준다고 마구 마취제를 사용한다. 마취제가 사용된 사자(死者)는, 그 병이나 치료의 영향이 사라질 때까지 '저승'의 병원에 해당되는 그런 곳에 데려 가져서 '저승의 의사'의 도움을 받을 필요가 있다. 그리하여 비로소 육체를 잃어버린 인간은 이제 바야흐로 그가 살게 된 세계에서의 항해를 계속할 수가 있다.

특수한 영능력자가 아니면 이 여행을 관찰한다는 것은 매우 어렵다. '저승'은 우리들이 지금 살고 있는 '이승'인 현상우주(現象宇宙)를 만들고 있는 분자보다도 훨씬 빨리 움직이는 에너지 분자로 구성되어 현실세계와 같은 공간적인 넓이가 존재한다.

두 종류의 열차가 같은 궤도 위를 다른 속도로 달리는 것과 같은 이치로 충돌하는 일은 없다. 빠른 속도의 열차가 늦게 달리는 열차의 앞을 가로지를 염려는 없다.

필자가 알고 있는 모든 사례에서 죽은 사람은 그들이 살고 있는 세계가 '이승'에서 멀리 떨어져 있다고 이야기하고 있다. 그들이 영적인 인격의 발달단계에 맞추어 저마다 다른 형의 사람들이 사는 각층의 평면, 즉 거주활동단에 대해서 설명을 해도, 이들 각층 평면을 시각적인 상상으로 파악하는 일은 처음에는 어렵다. 그러나 우리들이 갖고 있는 공간개념이나 3차원적인 견해를 버리고 상념의 세계에서는 온갖 상념도 손으로 만질 수 있는 실재의 것이라고 가정한다면, 그들 평면은 우리들 즉, 살아 있는 사람이 느끼는 감각에서의 완전한 고체평면이 아니라, 저마다의 다른 발달 단계에 놓여 있는 생명체의 덩어리로 이해될 수 있다.

2. 저승은 어떻게 되어 있는가?

저승인 비구상세계(非具象世界)에 있어서는 끼리끼리 모이게 마련이다. 이것은 물론 민족이나 종교·나이·재산과는 하등 연관이 없으며 인간이 지닌 본질적인 요소, 즉 영적 자아에 의한 것이다. 육체가 죽은 뒤에 남는 것은 전인격(全人格)이 아니다. 엄밀하게 이야기한다면 뒤에 남은 것은 정동적 자아(情動的自我)인 것이다.

이와 관련이 없는 다른 상항은 곧 불필요한 것으로서 버려진다. 5년전의 전화번호가 몇 번이었던가 하는 기억은 '가져 갈'만한 가치가 없기 때문이다. 그러나 굉장한 기쁨이나 결혼, 친구와의 우정, 즐거운 여행, 또는 이와는 반대로 커다란 비극이나 작은 비관, 이들은 모두 기억되어 영적 자아의 일부로서 남게 된다.

보통 죽음, 즉 질병·노쇠증·쇠약 등, 크거나 작거나 간에 평범한 죽음의 경우, 저승으로의 이동은 당연히 빨라지게 마련이고 방해받는 일도 없게 마련이다.

그 죽은 사람은 저승의 근친자(近親者)와 친구—— 전부가 아니라, 영적으로 친밀한 사람들에게 둘러 싸여서 눈을 뜨게 되며 생명이 계속된다.

처음에는 이승인 땅 위에 살았을 때의 생활습관을 모델로

한 생활을 하게 된다. 이승에서 옮겨 온 자기와 다를 바 없으니까 계속되는 생명의 거의 대부분은 전날의 기억과 습관 양식, 땅 위에서의 육체적 생명을 지니고 있었던 기간 안에 축적된 정동(情動) 자극으로부터 이루어진다.

차차 새로운 지식과 자기 자신에 대한 새로운 관념을 얻게 되어 그것들을 자기의 사고방식에 맞추게 됨으로써 자기 자신에게 앞으로 도움이 되지 않는 것은 떨쳐 버리게 된다.

즉, 자기 자신이 가장 좋았던 시절이라고 스스로 인정하는 상태로 돌아간다는 이야기이다. 이것은 '지배령(支配靈)'이 명령하는 상태가 아니며, 사실에 있어서 '저승'은 우리들이 알고 있는 것과 같은 일체의 강제에서 해방된 곳이다.

그곳에서는 법(法)은 힘보다도 오히려 도덕적인 압박으로 관리된다. 새로 도착을 해도 즉시 자기들의 가장 좋았던 시절로 돌아갈 수 없는 사람들도 있을지 모르겠고 노년기의 자기가 더 좋다고 생각하는 영혼도 있으리라고 생각된다.

이렇게 되는 과정은 완전히 자발적인 것이며 자기가 자기 자신을 조정할 수 있으므로 이런 온갖 소망은 이루어질 수 있다. 그 또는 그녀가 이승에 살았을 때의 자기의 모습을 유지할 수 있듯이, 물론 타인과 같이 될 수도 있다.

의복에 대한 문제는, 필자는 이 점에 대해서 질문하는 사람들을 매우 딱하게 생각하고 있다. 상념의 세계에 살고 있는 사람들에게 있어서 옷을 입는다는 것이 어떻게 가능할 수 있겠느냐 하는 생각을 가졌기 때문이다.

대답은 아주 간단하다. 모든 것이 아주 간단하다. 모든 것이 상념의 창조물로서 이루어져 있는 세계에 있어서는, 젊고 새로운 육체와 멋진 옷을 만들어 내는 데는 차이가 없다. 개인이 자기가 입고 싶다고 생각하는 옷을 생각해 낼 수 있는 한, 그는 그 옷을 입게 된다. 즉 타인의 눈에 어떻게 보이게 되느냐 하는 것 뿐이라는 이야기이다.

그는 이승의 집에 영매를 통해서거나 또는 직접 귀환여행을 하게 되는 경우, 육체 세계에 살고 있는 근친들을 생각해서 옛날의 모습 그대로 나타날지도 모른다.

땅 위에서 평소 입고 있던 옷과 영계에 있어서의 그 복체(複體)가 어느 정도 비슷한가는, 먼저 입었던 옷의 모양을 시각화 시킬 수 있는 본인의 능력에 달려 있는 것이다. 그런 옷을 걸친 자기의 모습을 시각적으로 재생시키는 일이 능력에만 달려 있다. 그런 옷을 걸친 자기의 모습을 시각적으로 재생시키는 일이 능숙하면 할수록, 자신의 영체를 정확하게 재생시킬 수 있을 것이다. 생각이 달라지거나 먼저 모습으로 되돌아 가고 싶지 않다고 생각하지 않는 한, 완전히 이승에서 살아 있었을 때와 똑같은 모습을 하고 있을 수 없다는 이야기이다.

상처를 입고 살해 당하는 등, 영계로 갈 수가 없어서, 세상에서 유령이라고 말해지는, 땅 위 세계인 이승과 인연이 끊어지지 않은 영혼들은, 그 전의 자기 모습으로 되돌아 가거나 입고 싶은 옷을 입을 수 있는 이같은 자유가 없다.

그들은 아직 '저승'의 주민이 아니며 두 개의 세계의 중간대에 사로잡혀 있거나, 좀더 나쁜 경우에는 물에서 뛰쳐 나온 물고기와 같은 상태에서 저승(구상세계)에 놓여 있는 것이다. 이와 같은 문제에 대해서 필자는 몇 권의 책을 쓴 바 있고 영계로 들어오는 문턱 근처에서 헤매고 있는 이들 많은 불행한 사람들의 영혼을 좋은 영매의 힘을 빌어서, 어떻게 구제할 수 있는가에 대해서 해설한 바 있다.

저승에 도착한 새로운 영혼은 먼저 근친과 친구들에게 둘러 싸여서 대기실이라고 할 수 있는 곳에 안내된다. 이곳에서 더 여행을 계속해도 좋은가? 병원에 입원해야 할 것인가? 한동안 관찰할 필요가 있는가 등을 조사받게 된다.

우리들이 알고 있는 것과 같은 시간은 저승인 비구상세계에서 없지만, 이승에는 말하는 2,3주일 정도를 사후의 예진단계(豫診段階)에서 보내는 일은 흔하다.

육체의 죽음에 앞서서, 오랫동안 질병으로 고생하고 있었을 경우에는 특히 이것이 필요하다. 육체의 파멸은 에테르체, 즉 영적 자아의 상태를 손상시키지는 않지만, 오래 끈 질병은 인격정동부(人格情動部)에 주는 고통상태를 만들어 내기 때문에 이승의 경계선을 넘어오는 영혼에게 대단히 약해진 상태에서 문제를 안겨준다.

그들 고통받는 영혼에 대한 판단의 기간은 절대 필요한 것이며, 그것은 사람이 아무것도 의식하지 않는 깊이 잠들어 있는 상태와 비슷하다. 그것은 꿈도 꾸지 않는 상태이며, 그를 둘러 싸고 있는 일체의 어떤 것과도 관계가 없는 상태이다.

그런 과정이 지난 뒤에, 그는 앞으로 나가도록 허용되는데, 대개는 지정된 안내자의 도움을 받게 된다. 저승에서의 안내자는 꼭 먼저 이승을 떠난 근친이나 친구이어야 할 필요는 없으며 새로운 환경에 그를 익숙하게 만들 임무가 주어진 영혼이면 어느 누구라도 좋다.

필자는 누가 이런 지시를 내리는 것인가 상당히 궁금하게 여겨 여러 가지로 알아보려고 꽤 애도 써 보았지만, 아직 누가 '저승'의 최고 책임자인가를 알아 내지는 못했다. 그것은 항상 '주님들'로부터 지시를 받은 영혼들이 맡는 일이며, 이들 영혼들은 보통 영혼들보다 진보해 있든가 기능이 발달되

어 있을 따름이다. 그러나 '주님들'은 이른바 초인이나 성인
은 아니며 전날에는 당신이나 필자와 같은 사람이었던 분들
이라고 한다. 그러나 누가 '주님들'에게 지시를 내리는지는
필자로서는 분명히 밝힐 수가 없다.

좀더 적당한 말을 찾기까지 필자는 이 조직을 저승에서의
'이층의 어린이들'이라든가, '감독청'이라고 부르기도 했다.

그 법칙이 매우 실효적이라는 것을 필자는 이해했다. 만일
자기의 이미지를 고치고 싶다고 생각하면, 이승의 학교에 해
당되는 곳에서 공부를 하면 그렇게 될 수가 있다. 더욱이 생
명은 영속하는 것이라는 관념을 갖지 않고 저승으로 넘어 온
대다수의 사람들은 새로운 사실체계(事實體系)를 배우고 교
회나 과학자들이 땅 위에서 그들에게 가르친 것과는 전혀 틀
리는 개념에 적응하지 않으면 안된다.

영감각(靈感覺)에 있어서의 진보는 가능하며 또한 그렇게
되기를 바라고 있는 것도 사실이다. 그러나 영혼의 발달정도
가 낮은 사람이 다시 자기도 그렇게 되고 싶다는 생각만 가
지고는 발달된 영혼들과 나란히 갈 수는 없다고 생각된다.

이와 같은 사람이 자기가 놓여져 있는 평면에서 나와 보다
높은 수준의 평면으로 들어가려고 애를 쓰게 되면 결국은 숨
이 막혀 버리게 된다. 한편 높은 수준에 있는 영혼은 낮은 곳
을 마음대로 방문할 수가 있다.

이것은 쉽게 이해될 수 있는 일이다. 결국 에테르체(體)의
보다 빨리 움직이는 분자는 보다 진하고 움직임이 느린 구상
체를 만드는 분자를 뚫고 지나갈 수가 있다는 이야기가 된
다.

영체 속을 거닐고 싶다고 생각하는 영매는 일시적으로, 저
승에 속하기 위해서는 자기의 육체 바깥으로 나오지 않으면

안된다.
 진동을 하강시키는 것은 상승시키는 것보다는 쉬운 일이다.
 본질적으로 능력이 낮은 자가 보다 높은 차원의 세계로 올라가는 유일한 방법은, 패를 짜서 노래를 부르는 것에 의하여 '진동을 인공적으로 만든다'든가, 호흡조절 훈련, 방해가 되는 백색광(白色光)의 제거, 완전한 상념의 집중과 같은 보조적인 방법을 강구하는 수밖에 없다. 그렇게 해 보아도 성공하기란 매우 드문 일이다.
 일시적이지만, 하다가 끝내지 못한 일이 없다든가, 죽음에 의한 영혼의 분리에 대해 납득할 수 있는 힘이 없는 그런 경우에는 저승에 도착한 영혼은 이승에 곧 송신해야겠다는 생각이 나지 않는 경우도 있다.
 이것은 물론, 방금 도착한 신기하고 놀라운 신세계에 압도되거나, 새로운 것을 배우고 보고 하느라고 뒤에 남겨 놓고 온 이승과 접촉하겠다는 기분이 없어지기 때문이다.
 차차 새로운 환경에 익숙해져서, 새로운 환경에서 살아 가는 방법을 터득하게 되면, 눈길은 뒤에 남기고 온 세계로 향해지게 된다.
 이 세계가 적성에 맞지 않거나 부정적인 영혼들은 자기들의 새로운 신분을 따분하게 생각하게 된다.
 대다수의 영혼들은, 종교가 단순히 천국이라고만 부르고 있는 곳에 커다란 기쁨을 안고 들어온다.
 이런 영혼들 가운데에는 승려나 목사도 포함되어 있다. 다만 이 천국에는 등에 거위의 날개를 달고 금나팔을 불면서 이리 저리 날라다니는 그런 천사란 없다.
 천국행과 지옥행의 문을 등지고 열 두명의 사도들에게 둘러 싸여 관을 쓰고 백발을 기른 성 베드로가 새로운 영혼들을 심판하는 일은 없다.

그와 마찬가지로 지옥은 많은 종교적인 설화를 고지식하게 믿는 사람들 눈 앞에 그려져 있는 것과 같은 그런 곳은 아니다.

붉은 빛 팬티를 걸친 천덕스러운 녀석이 죄인을 삼지창으로 몰아세우지도 않고 육체를 지니고 있었던 당시, 타인에게 대해서 범한 잘못때문에 육체에게 고통을 주는 유황불이 부글부글 끓는 골짜기도 없다.

성적변태에 사로잡혀 있었던 중세의 중놈들이 만든 이런 환상 대신에, 하나 하나의 영혼들의 자기 자신의 과거를 돌이켜 봄으로서 생기는 천국이나 지옥이라면 얼마든지 존재한다. 지난 날을 회상하여 자기 자신의 마음으로 자기의 천국이나 지옥을 만들어 내는 것은 사실이기 때문이다.

저승으로 옮겨올 때, 뒤에 남겨 놓고 온 죄가 있다면, 이 죄가 자신에게 가하는 가책이 되어 자기만이, 다른 영혼들과는 아무런 관계가 없는 지옥이 생겨난다.

많은 죄업을 짊어진 사람들의 영혼이 자기만의 은밀한 지옥에 빠져서, 그곳에서 도망쳐 나오는 방법을 모른다면, 지옥이라고 하는 구체적인 장소가 존재한다는 환상이 생길지도 모른다.

그러나 그것은 개개인의 발달 정도의 영적인 발전의 결여에 의해 모여지고 서로 끌려서 한데 모인 저마다의 정도에 알맞는 군중들의 모임에 지나지 않는다. 이것이 '저승'이 지닌 일면이라고 볼 수 있다.

천국형 영혼의 집단과 지옥형 영혼의 집단을 구별하는 한계는 뚜렷하지 않다. 생전에 살았던 그대로의 자기 자신을 이끌고 저승으로 옮겨 간다. 따라서 이승에서 평화스럽게 살던 생명체라면 평화스럽고 아름다운 세계가 기다리고 있다는 뜻이 된다.

그러나 양심이 타인에게 비하여 그릇된 짓을 했다는 불안감에 사로잡혀 있다면, 이런 감정도, 상념 자체가 구상물인 세계에 있어서 직접 느낄 수 있는 실재물임을 알 수가 있다. 따라서 필자가 독자 여러분들에게 줄 수 있는 유일한 위안은 인간은 모름지기 영적 가치가 있는 생활을 보내야만 한다는 것이다.

그렇다고 해서 종교적이며 신성하고 도덕적인 생활을 하라는 뜻은 아니다.

이웃집 부인이 너무나 예쁜데 견디다 못해 키스를 한 것이 저승으로 간 뒤에 그 사람을 지옥형의 장소로 보낼 정도의 이유는 되지 않는다. 그와 마찬가지로 일요일마다 한 번도 빠지지 않고 교회에 나갔다고 해서 그것이 하나님 곁에 앉을 수 있는 자리를 보증해 주는 것도 아니다.

인간이 만들어 낸 선악의 관념은, 영계에 있어서의 인간의 품격을 결정짓는 자연의 법과 반드시 동등한 것은 아님을 알아야 한다.

그러나 이를테면 다른 사람의 생명을 뺏는 것은 언제나 죄가 된다. 전쟁중의 일이었고 그럴만한 정당한 원인이 있어서 살인을 했더라도 그런 짓을 하면 '저승'에 왔을 때 반드시 후회하게 된다. 이를테면, 어떤 원인에서도 사람을 죽인다는 것은 땅 위에 사는 인간의 목적과 어긋난다는 것을 알 수 있다.

또한 '이승'과 '저승'의 경계를 넘기 전에 살해당한 자와 당연히 부딪치게 된다. 살해당한 편이 먼저 '저승'에 와 있으니까 당연히 영적인 지식도 앞서 있게 마련이다. 사람을 죽여도 좋다고, 누가 어떤 원인으로 그렇게 하라고 명령했다고 해도, 이것은 이미 필자가 다룰 수 있는 범위 바깥의 문제이다.

필자는 살인을 비난한다.

마땅히 혐오해야 할 일이라고 생각한다. 예외라는 것은 우선 없는 법이니까 예외를 둘 필요도 없는 일이다.

악인에게 협박당하여, 자기의 생명을 지키기 위하여 상대의 목숨을 빼앗었다면 형사적인 처벌은 면할지는 모른다. 그러나 용서되지는 않는다.

자연의 법은 당신에게 성인이 되라든가, 죽이기 보다는 살해당하라고 요구하고 있는 것은 아니다. 그러나 자연의 법은, 상대에게 대해서 상대의 무기를 돌리기 전에, 살인자인 상대로부터 도망치기 위하여 가능한 한 비폭력의 방법으로 최선을 다하라고 요구하고 있는 것이다.

사고사(事故死)는 법적으로 또는 도덕적인 뜻에서도 결과적으로 구원받게 마련이지만 '이승'에서의 잘못을 저질렀다는 죄의식은 아무리 그때의 실제 행위가 무죄였었다 해도 줄곧 따라붙게 마련인 것이다.

고도로 발달된 영적인 존재로서 우리들은 모든 행위를 신중하게 해야 할 책임과 의무를 지니고 있음을 알아야 한다. 너무나도 자주 부상을 입는다는 것은 무엇인가 사고방식이 그릇된 곳이 있기 때문이라고 할 수 있다.

자연의 법은 과실에 대해서도 속죄시킬 뿐만 아니라, 선행에 대해서도 보답을 해주게 마련이다.

이것은 상품 수여위원이 월계관을 주는 그런 것을 뜻하는 것이 아니다. 보수는 훨씬 직접적인 것이다.

온갖 비이기적 또는 영적으로 가치 있는 행위나 태도에 대해서는 누구나 옳은 일을 했다는 깊은 감명을 받는다. 이런 은밀한 느낌을 갖는 것 자체가 보수인 것이다. 그러나 '저승'의 상념은 실제물과 같은 뜻을 지닌 것이기에, 이와 같은 감명의 발현은 자동적으로 그 사람을 의식의 높은 수준으로 올려 준다. 이리하여 과거의 행위나 태도에 의하여 그 사람은 발전한다.

여러분이 만일 원한다면 생명의 본질에 대해서 많은 것을 배웠으니까 육체가 없어진 뒤에도 '명예'를 보탤 수가 있다.

향상하는 것과 마찬가지로 퇴보도 항상 가능한 것이다.

법칙은 눈에는 보이지 않지만 작용하고 있고 항상 존재한다고 생각하면 틀림이 없다. 그 법칙은 적용되는 데 있어서 자동적이며, 또한 신속한 것이기에 당신 자신의 행동이 그 법칙을 작용하게 하는 것이다.

궁극적으로 당신 자신을 조정하기에 따라서 저승에서의 운명은 결정된다.

3. 저승에서의 생활

　당신은 이제 저승에 도착했다. 당신은 먼저 와 있는 영혼들의 환영을 받고, 그들과 잠시 이야기를 주고 받았다. 당신은 새로운 거주지에 안내되어, 그곳이 땅 위에서의 당신이 살던 집과 매우 비슷함을 알게 될 것이다.
　그것은 당신이 '이승'에서의 육체생활을 보냈을 때의 경험에서 끌어 낸 상념에 의해 만들어진 것이니까 지극히 당연한 일이라고 생각할 수 있다.
　당신이 원한다면 옷을 만드는 것과 똑같은 방법으로 당신 자신이 살 집을 만들 수도 있고 또는 당신보다 먼저 '저승'으로 온 사랑하는 이가 당신을 위해서 준비한 것일지도 모른다. 어쨌든 당신은 모든 것이 빈틈없이 잘 갖추어진 곳으로 안내된다.
　앞으로 당신의 영혼이 진화를 하게 됨에 따라서, 당신이 살고 있는 집안의 구상적 요수(具象的要素)의 필요성이 적어져 간다.
　또한 집 안에는 신성(神性)의 간소한 디자인이 장소를 차지하게 될 것이다.
　당신의 영혼이 걸치는 옷도 당신의 적당한 주거와 마찬가지로 새로운 세계를 인정하는데 잘 어울리게 비실용적이며 초유행적인 것이 될 것이다.
　보통 '이승'에서 입는 것과 같은 옷 대신에 상념의 세계에서 만들어진 흰 바탕의 영의(靈衣)가 될 것이다. 그 곳은 충분히 기능적이며, 당신의 요구를 채워 주게 마련이다.
　'저승'에는 도덕상의 공격이 없다. 다만 자기를 조정함에 있어 영적인 조정력의 부족이 있을 뿐이며, 그것이 진실로 당신을 향상시켜 주는 것이다.
　'저승'에서의 새로운 생활에 적응하여 시간의 경과를 의식하지 않게 되면, 다음에는 무슨 일이 일어날 것인가 하고 당신은 궁금하게 생각하게 된다. 시간의 흐름이 없다는 것을 이해하는 것은 처음에는 상당히 어려운 일이다. 그 대신 당신은 자기 자신의 존재를 그때의 상태에 의해 측정하게 된다.
　한마디로 이러 이러한 사람은 이러 이러한 상태에 놓여 있다는 그런 식으로 말이다. 이윽고 당신이 보다 차원 높은 생활 평면으로 옮겨지면 당신이 바라고 자격이 있다고 인정이 되었을 경우──다른 시간과 다른 상태가 시작된다. 당신이 또다시 시간의 흐름을 느끼게 되는 것은, 살아 있는 사람과 접촉하기 위해 밀도가 짙은 지상세계로 돌아오게 될때 뿐이다.
　시간에 대한 개념이 전부 달라지기 때문에 어떤 영혼에게 있어서는 이들 교신 중에 문제가 생기는 경우도 있다. 그들이 접촉한 사랑하는 사람에게 앞으로 일어날 일에 대하여 미리 알려 주고 있을 경우에 시간을 설명하는데 난처해지는 경우가 있다는 이야기이다. '저승'인 비구상세계(非具象世界)에는 밤도 낮도 없기 때문이다.
　'이승'인 세계의 태양과는 전혀 다른 빛이 '저승'에는 언제나 꽉 차 있다. 수면과 각성의 리듬이 필요한 영혼은 단지 그 것을 원하는 것만으로 그런 상태를 일으키게 할 수가 있는 것이다. 사실 여러 가지 면에서 소망이 곧 사실로 되어서 나타난다.

이를테면 다른 누구와 함께 있고 싶다는 소망상념(所望想念)은 곧 당신을 그 누구 곁으로 옮겨 가게 해 준다.

'저승'에서는 자기의 자연스럽게 우러나오는 생각을 조절하는 일은 새로 이곳에 도착한 사람에게는 필요불가결한 것이 된다. 아니면 멋대로 하는 생각때문에 당장 골탕을 먹기 때문이다. 왜냐하면 이곳에서는 무엇이든지 생각만 하면 곧 실현이 되기 때문이다.

조만간에 당신은, 당신이 오게 된 '저승'에서 행해지고 있는 여러가지 활동에 참여하게 될 것이다. '저승'에서는 아무런 금지요인(禁止要因)이 없기 때문에 누구든지 자기 자신의 야망을 실현시킬 수가 있다. 그 대부분의 야망은 지상생활에서 실현할 수 없었던 것인지도 모른다.

'이승'에서는 열심히 정직하게 노력했음에도 불구하고 성공하지 못해서, 아무도 귀를 기울여 주지 않았던 음악가가, 이제 갑자기 음악 애호가들을 위하여 영계관현악단(靈界管絃樂團)을 지휘하고 있는 자기 자신을 발견하게 될 것이다.

만일 그 사람이 한 번이라도 창조한 것이 있다면 온갖 것이 '저승'에서도 다시 나타나게 된다. 이 복제물(複製物)은 거의 완전에 가까우며, '이승'에서 창조한 것보다 더욱 훌륭하다. 이는 물질을 규제하는 법칙이나 인공의 실패가 없기 때문이다.

또한 당신의 일부 인격속에 오랫동안 마음 속으로만 원했던, 편안하게 쉬고 싶다는 욕망을 갖고 있을 때 이곳에서는 당신이 원하는 곳으로 이끌려서 모든 것을 얻을 수 있게 된다.

또한 '이승'에 사는 사람들에게 '저승'으로 오기 전에 보다 수준이 높은 영적인 지식을 주기 위해서 이루어지는 많은 여러 가지 일이 있다는 것도 발견하게 될 것이다.

만약 당신 자신이 죽은 뒤에도 삶이 계속된다는 사실을 몰랐던 사람이라면 그런 지식을 알려줄 만한 가치가 있는 많은 사람들에게도 되도록 무지를 일깨워 주어야겠다고 당연히 생각하게 된다.

당신이 그들을 도와주면, 당신이 유익한, 즉 영적인 행위를 했다는 것뿐만 아니라 동시에 자동적으로 당신 자신이 보다 높은 '승급'을 하게 된다. 이와 같이 죽은 사람의 대부분은 살아 있는 사람들과 연결이 되어 있는 것이다.

그들은 안내자인 경우도 있으며 영매와 힘을 합하여, 또는 직접 살아 있는 사람들을 도와서 우주의 영적인 내용을 터득하도록 해서 우호적인 영향을 주고 있기도 하다. 이것은 죽은 사람이 적극적으로 살아 있는 사람들의 생활 속에 끼어든다는 뜻은 아니다.

말하자면 저마다의 영혼은 자기 자신을 구제하기 위해 스스로 일하지 않으면 안 되게 되어 있어 타인에게 결정권을 맡길 수는 없는 일이기 때문이다.

한편 죽은 자는, 살아 있는 사람들이 그들의 소리를 듣고 싶어하고 자기들에게 보내지는 생각을 적극 받아들이려고 한다면 암시나 가벼운 주의는 줄 수 있고 또 주기도 한다.

마지막으로 재생에 대한 문제가 있는데, 이 세상의 대부분의 사람들과 심지어는 심령연구가들도 인간이 죽은 뒤에 재생을 하게 되느냐, 하지 않느냐를 결정적으로 못박는다는 것은 매우 부담스럽고 어려운 일로서 모두들 이에 대해 논의하기를 회피한다. 그러나 이제 종교적·철학적인 이념과는 별도로 재생의 조직이 존재한다는 사실을 뒷받침해 주는 충분한 과학적인 증거가 있다는 것이다.

필자는 지금까지 이른바 흔히 말하는 신념, 즉 증명이나 증거의 대용품으로서 특정한 개념을 아무런 비판없이 받아들인 적은 없다.

필요한 것은 이안·스티븐슨 박사가 제출한 다음과 같은 제목의 믿을 만한 보고서를 진지하게 연구하는 일이라고 생각한다. 그 보고서란 미국 심령학협회에서 발행한 《재생을 시사하는 20가지 실례》로서, 기회 있을 때마다 육체 세계로 인간이 다시 돌아온다는 개념을 지지하는 주장이 얼마나 강한 것인가를 잘 알려 주고 있는 글이다.

우주의 지도소(指導素)로서의 카르마를 인도인들은 오랫동안 지녀왔다. 카르마란 인간이 경험하게 되는 재생(再生)을 지배하는 원인과 결과의 법칙이다. 개인의 영적 성원(靈的成願)과 행위, 태도에 의해 한 번의 재생이 이루어지고, 다음번 재생은 재생된 개인의 육체를 지니고 사는 동안에 영적으로 이룩한 일과 행위, 태도에 따라서, 그리고 세번째 재생은 앞의 경우보다 그 위치가 높아지거나 또는 낮아지게 마련이다.

만일 한 번의 재생으로서 어떤 교훈을 배우지 못했다면, 다음 번 재생에서라도 그런 순서로 하나의 영혼에게 올바른 자세를 가르쳐 주는 데 필요한 만큼의 재생이 거듭되는 것이라는 이야기이다. 카르마의 제도는 전부 합해서 열 두번의 의무로서 재생을 요구하며, 그동안 황도대(黃道帶) 12궁(宮)을 통과하게 된다는 것이다.

그런 후에, 개인은 선택의 자유가 주어지게 된다. 그는 열반, 즉 거룩하신 주께서 인도하는 고도로 발달된 존재의 세계에서 쉴 수도 있고 다시 재생을 선택해도 좋다는 것이다.

이것은 물론 하나의 철학적인 조직개념일 뿐만 아니라, 실제의 방법을 뜻하는 것은 아니다.

이와 같은 사람이 몇 번이고 거듭 이 세상에 육체적인 인간으로 태어난다는 것이 정말임을 뜻하는 주장은 많은 과학자들의 관심을 끌고 있다. 또한 인도철학(印度哲學)도 사실을 바탕으로 한 것임은 자명한 일이다.

아인슈타인 식으로 생각한다면 어떤 법칙이 지배하지 않는 한, 자연계에는 아무 일도 일어나지 않을 것이며 변하지도 않고 존속하는 것도 없다고 보아야 할 것이다.

'저승'을 지배하는 법칙은, 표면에 나타난 부분에 중점(重點)을 두는 '이승'인 구상세계를 지배하는 법칙과는 다르다는 것을 알아야 한다.

지상세계에서는 자기 자신의 마음에 한정되는 단순한 개인적인 문제로서 생각되는 영적인 지식이나 마음가짐이, '저승'에서는 객관적인 문제이며, 그 결과 자기 자신보다도 타인에 의한 평가를 받게 된다.

영적인 발전이나 마음 가짐만이 법칙으로 작용해 하나하나의 지위에 영향을 끼치는 가치판단과 눈에 보이는 움직임으로 나타난다는 이야기이다.

의식이 그것을 느끼는 한, 에너지 분자는 그 인물이 창조하는 마음에서 솟아나와 그를 타인과 연결시키는 흐름 속으로 흘러 들어간다.

자연계에 있어서는 영적이든 구상적인 것이든 가릴 것 없이 우연이라든가 완전히 우발적인 것에 근거를 둔 것은 없으며, 일련의 법칙에 의해 지배되는 것이라는 이야기이다.
　때로는 잘못이 생긴다. 법칙이 인간에 의하여 그 완전한 적용을 방해받는 경우이다.
　어떤 법칙을 보아도, 그것이 작용하기 위해서는 두 가지 요소가 필요하게 된다. 적용하는 쪽과 적용 당하는 쪽이다. 전자(前者)가 법칙인 것이다.
　누구에 의하여, 언제라는 것을 알 수가 없고, 정해진 인간이 관여할 수 없는 조직적인 규칙을 뜻한다. 그러나 법칙은 언제까지나 존재하며 계속 존속하는 것이다.
　한편 자연법칙은 인간의 의견이나 영혼과는 관계 없이 계속 작용하는데, 후자는 법이 적용하는 상대자이며, 개인, 즉 육체 인간이건 영혼이건, 인간임에는 틀림이 없다.
　인간이며 영혼을 갖고 있기 때문에 그는 법칙에 대해 저마다의 형태로 반응하게 되는데, 때로는 인간은 법칙을 어떻게든 방해하기도 한다. 그것이야말로 법칙이 현재 작용하고 있음을 증명하는 예외적인 사실이다.
　이상이 분명히 모순된 출생 전의 기억에 관한 실례, 즉 재생현상(再生現象)이나 전세(前世)에 속하는 기억을 포함한 그 밖의 현상의 손때가 묻은 실제의 예에 대한 필자의 설명이다.
　카르마의 법이 사람들 모두에게 적용된다면 예외가 있어서는 안될 것으로 생각된다.
　어쨌든 카르마의 법칙만이 재생하는 시스템을 설명해 준다. 재생시켜 줌으로써 얻는 것이 없다면, 자연은 어째서 이와 같은 시스템을 갖고 있을까.
　만일 영의 능력과 개인능력의 진보가 또다시 태어난 그 인간의 존재에 의해 더욱 더 발전할 수가 있는 것이라면, 카르마의 법칙 그 자체에 큰 의의가 있다고 할 수 있겠다.
 그것은 결코 완벽한 것은 아니지만 출생하기 전의 기억에 관해서 이것을 포함한 그릇된 믿음과 약간의 실례가 있다.
 아마도 이것도 일부러 잘못 전해진 것이라고 생각되어진다. 완전한 재생 시스템 가운데에서 분명히 파격에 속한다고 생각되는 것을 조금만 조사해 보아도 우리들을 재생한다는 사실을 인정하고, 이해하는 방향으로 생각이 돌아가게 될 것이다.
 아마도 이런 파격적인 사실들은 보다 높은 힘이 일부러 알려주는 것인지도 모른다. 정부의 중요 기밀이 국민의 반응을 알아보기 위해 고관 쪽에서 일부러 '누설하는' 그런 경우와 비슷한 것같이 필자는 생각하고 있다.
 방법론적으로 말한다면, 땅 위에서 앞서 살았던 세상의 기억의 테이프 레코드는 재생에 의해 또다른 녹음이 되어도 완전히는 지워지지 않았다는 것을 뜻한다.
 특정한 조건이 갖추어지면, 앞서 녹음한 것이 재독가능(再讀可能)해진다. 이 조건은 사람들 저마다에 따라서 달라지게 된다.
 어떤 경우에는 갑자기 전생의 기억이 꿈 속에 나타나기도 한다.
 어떤 광경이나 체험이 전생에서 얻은 경험이나 광경과 비슷하게 느껴지는 경우도 있으며, 무엇인가 관련이 있다는 느낌으로 다시 생각되는 수도 있다. 그러나 이 숨어 있던 지식을 상기시키는 의식의 맨 아랫층에 있는 것에 불을 붙이는 메카니즘은 그것이 완전히 행해지는 것이 당연하다는 지배적인 법칙에게는 단순한 부분품에 지나지 않는다.
 사람이 다시금 땅 위로 돌아와 다른 존재가 되면, 이번에는 앞서와는 다른 결과를 얻어야겠다고 생각하면서 앞서 재생되었을 때와 똑같은 시행착오를 되풀이 하게 된다.

 육체가 죽고 나면, 그는 '저승'인 비구상세계로 되돌아 온다. 그는 새로운 근친과 친구들의 마중을 받게 되며, 앞서 저승으로 돌아왔을 때의 일들은 아무것도 기억하고 있지 않다.

 여기서도 때로는 예외가 있는데 앞서 존재했던 것을 기억해 내는 경우도 있고, 옛친구와 다시 만나 그를 알아보는 경우도 있다. 그러나 대부분의 사람들은 전번에 영계에 왔던 일들을 기억하지 못한다.

 우주 법칙의 입장에서 본다면, 비구상세계인 '저승'이 진짜 세계이며, 구상세계인 '이승'은 일시적인 실존에 지나지 않는다.

 죽음은 항상 귀향이며, 탄생은 고향을 떠남을 뜻하고 있다. 비구상세계인 '저승'은 과연 어디에 있는 것일까. 위쪽인가, 아래쪽인가, 지구의 안쪽인가, 바깥쪽인가.

 구상세계와는 틀리는 속도로 움직이고 있으나 필자가 배운 바에 의하면 방향적으로 보아 '위'라고 생각한다.

 인간의 영혼이 땅 속으로, 또는 아래쪽으로 사라졌다는 보고는 아직 한 번도 받아 본 일이 없다. 송신하기 위해 돌아온 영혼들의 대부분이, 이 세상으로 돌아오는 어려움과 땅 위로 내려오는 긴 여행을 이야기하고 있다. 그러니까 우리들이 갖고 있는 여행이라는 개념에서 본다면 '저승'은 굉장히 먼 곳에 있는 것이 분명하다.

 정신요법을 필요로 하는 사람들에 의해 주장되고 있는 금성인(金星人)이나 화성인(火星人)이니 하는 이상한 개념이 있기는 하지만 지구인 외의 사람들이 '저승'에 살고 있다는 증거는 아직껏 없다.
 이쪽 세계로 내려올 때에 죽는 사람의 영혼은 때로는 지상 상념이나 기억 속에 역행하지 않으면 안되는 경우가 있다. 만일 그들 기억이 끔찍한 죽음과 같은 고통에 가득찬 것이라면, 송신의 최초의 부분은 누구에게나 몹시 불유쾌한 것이 될 것은 분명하다.
 그들 영혼들은 모든 것을 거꾸로 거슬러 올라가 다시 경험을 하게 되는데, 그들 영혼들은 상념체(想念體)를 볼 뿐, 객관적인 실체는 보지 않는다는 것을 알고는 있는데, 그들의 감각은 보통 인간 형식으로 반응하여, 한동안 괴로워하게 마련이다.
 경험을 많이 쌓은 심령연구가만이 이런 종류의 교신(交信)에 관여할 수 있는 것은 바로 이 때문이다. 어설픈 호기심만을 가진 사람들은 영혼과의 접촉을 서뿔리 안하는 것이 좋다고 생각된다.

제 10 장
사후의 영생을 위하여

1. 인간의 2원성(二元性)

자연발생적이거나 인공유발(人工誘發)이거나를 분별할것 없이 심령현상은 실재한다. 일부 초심리학자들이 유물론적인 관념을 갖고 강조한다고 해도 누구이건 실제로 일어나고 있는 현상을 무시해 버릴 수는 없다.

이제는 더 이상 보고된 일이나 체험에 대해서는 그 진정성(眞正性)을 운운할 문제가 아님을 인정하지 않으면 안된다. 의심하고 있는 사람이 비집고 들어갈 빈 틈은 없는 것이다.

필자는 직접 알고 있는 사실만을 기록했고 다른 연구자들도 이와 같은 경험들을 하고 있는 것이다.

심령연구를 주제로 한 문학도 진정한 많은 실례를 다루고 있는데, 그 중에는 인간의 육체가 죽은 뒤에도 영혼으로서의 삶이 계속된다는 전형적인 여러 가지 예들이 포함되어 있음을 알아야 한다.

심령과학에서 제출된 뚜렷한 증거만 있다면 유물론자들의 입장과는 양립될 수가 없다.

남은 문제는 아마도 종교적 개념을 다룰 때의 보편적인 대중들의 일반적인 태도로써, 저마다의 종교가 갖는 교리를 그대로 받아들이고 있는 사람은 거의 없다고 생각 된다.

종교는 어딘가 외부에 존재하는 세계로서 '저승'을 이야기하고 있지만, 이와 같은 실제는 오직 신앙상의 문제로써만 인정하도록 규정짓고 있다.

종교는 이와 같은 세계가 실재로 존재한다는 사실이 객관적인 증거로서 파악되기를 원하고 있지 않다. 만일 종교가 그렇게 되기를 원한다면 종교의 실질로써 남는 것은 거의 아무것도 없게 된다.

아마도 종교가 지니고 있는 도덕성과 윤리관, 그리고 역사적인 전통은 남겠지만 기본적인 심오한 본체는 없어지게 될 것이다.

그러나 종교가 필요상 '저승'이 실재로 존재한다는 데 대한 증명, 불증명의 문제를 피한다고 해도, 과학에는 이와 같은 문제가 없다.

반대로 과학은 이 문제를, 전기능(全機能)을 다해서 탐구해야 할 의무를 지니고 있는 것이다. 불행하게도 경험주의적인 과학의 대부분 권위자들은 그 자신의 용어로써 이 문제를 처리할 수가 없다.

인간의 안과 바깥의 비구상적인 세계를 지배하고 있는 자연과 그 법칙을 탐구하거나, 쉽게 얻을 수 있는 증거와 일치되는 일련의 법칙에 손을 대거나 하는 일은 전혀 하려고 하지 않고, 되풀이 해 구상과학(具象科學)에서 끌어낸 낡은 법칙을 강화시킬 생각이나 하고, 사후생존(死後生存)과 내세실재(來世實在)의 문제를 그 속에 집어 넣는 것에 몰두하고 있다.

이런 필터로 걸르는 과정에서 대부분의 올바른 본질은 그물 바깥으로 내어 쫓기고, 그곳을 통해 남게 되는 것은 아주 적은 진실의 일부에 지나지 않는다.

그렇게 많은 수는 아니지만, 다행히도 늘어나고 있는 심령 연구에 관심을 갖는 과학자들이, 여기서 필자가 제안한 방법을 응용하여, 상당히 좋은 결과를 얻고 있는게 사실이다. 온갖 편견과 선입관을 가진 방법론적 관념에서 해방된 증거를 활용할 수 있는 연구를 한다면 눈부신 발전에 도달하게 되리라고 본다.

한마디로 비구상세계의 법칙을 쫓고 구상세계의 법칙은 따르지 않는다는 것 등이 바로 그것이다. 그런 연구방법을 택한다는 것은 완고한 유물론자를 빼어 놓는다면 당연히 놀랄 만한 일은 아니지만 거의 완전에 가까운, 또는 구상세계와는 틀리는 일련의 법칙을 받아들이지 못하는 일부 연구자들은 방향을 잡지 못해 당황하고 있다.

심령현상에는 많은 실례를 통하여 되풀이 되고 있는 어떤 종류의 형식이 있다. 실례를 형식별로 나누고 그 비슷한 성격의 것들을 비교해 보면, 이와 같은 현상(現象)을 실제로 존재하게 하고 움직이게 하는 법칙에 대해 어떤 결론을 얻게 된다.

먼저 보통의 물리학으로는, 이와 같은 사건의 가능성을 논하지 않는다. 만약 그렇게 한다면, 자동적으로 구상물(具象物)의 크기에 대한 문제와 부딪치게 마련이다.

일반적인 물리학은 특수한 심령현상 문제를 적용시킬 수가 없다. 지상의 항해술이 달이나 별을 둘러 싼 천체 항해(天體航海)에 응용할 수 없는 것과 같은 이치이다.

어떤 법칙이건 각각 그 유효권과 파급권이 있는 법으로서, '저승'에서 문제가 되는 것은, 관찰자의 입장에 서서 법칙이 미칠 수 있는 한계점이 되는 위치를 찾아내고 그 법칙이 그곳에 집중되어, 그곳에서 집중시키는 곳을 찾아 내는 일이다.
 필자의 견해로서는 이 파급되는 한계점이 바로 인격의 이원성(二元性)인 것이다. 인간은 내면체와 외면체로 이루어져 있다. 내면체는 인격의 중심체에서 육체의 죽음으로 인한 외면체 보다 오래 산다.
 또한 내면체는 재생되는 과정에서 차례로 바꾸어지는데 각 인격이 나타내는 에너지 장(場)은 영원히 계속 움직이고 있어서 사라지거나 하는 일이 없이 차례로 모습을 바꿔 간다.
 필자는, 인격의 이원성은 이원적 법칙(二元的法則)에 의한다고 보고 있다. 바로 인간의 양체(兩體)를 지배하는 '이승'과 '저승'의 법칙인 것이다.
 '이승'의 법칙이 외면체, 다시 말해서 육체나 우리 일반사람이 사는 '이승'에서의 실질적이며 물질적인 모든 것을 지배하듯이, 인간의 비구상체(非具象體)를 지배하는 것은 심령·정신·정서·감정·상념을 거친 그 표현체에만 적용되어, 그것이 뻗어나간 맨 끝이 무덤의 저편인 바로 상념의 세계인 것이다.
 아마, 중세의 대우주와 소우주의 개념은 이 이원성을 암시했을 것이다. 대우주의 수준으로는 우리 인간이 모두 낱개의 일부이며, 낱개의 그 법칙에 종속되는 것같은 존재이다.
 소우주의 수준으로 우리는 다른 것과는 다른 각각의 낱개이며 마찬가지로 연약함과 약점을 지니고 있기도 하다.
 우리는 우리 인간이 알고 있는 우주의 구상법칙(具象法則)에 따라 관찰함으로써 배워 왔던 것이다.
 인간의 이원적 구조를 말함에 있어, 그 내면체와 외면체가 어떤 뜻에서나 평등하다고 말하려는 것은 아니며, 인간의 참다운 자아의 핵은 내면체에 있는 인격인 것이다.
 그것은 아무런 위험성도 없으며, 독립해서 외면체가 없어도 존재하는 법이다. 이에 대하여 외면체는 내면체에서 분리되는 순간에 급속히 무너지는 것이다.
 그것은 내면체를 싸고 있는 동안 적지 않게 연약성과 불완전한 점을 지니고 있다. 따라서 사람의 육체란, 그 본질을 알아본다면, 재생이나 카르마의 개념에 있어서의 생활체험을 얻기 위해 필요한 것이기는 하나, 중요한 점에서 내면체인 영혼에 비하면 훨씬 떨어진다.
 육체와 영혼이 인간의 '이승'에서의 생활을 통해 하나로 맺어져 있을 경우도, 인격 본체는 외면체인 육체에 깃들어 있는 게 아니라, 영혼 속에 존재하고 있는 것이다.
 뇌는 인간의 사고활동의 중심이 아니며, 뇌를 작용시키는 영혼이 바로 중심체인 것이다.
 현재 ESP기능을 조사하고 있는 러시아의 과학자들은, 인간이 지닌 이 기묘한 힘의 생리원(生理源)을 찾아 내기 위해 노력하고 있다.
 필자도 인간이 지니고 있는 이원성(二元性)은 자연의 의지라는 설을 믿고 있지만, 한편 완전히 '비구상(非具象)'인 우주에는 우리가 알고 있는 뜻에서의 물질 따위는 아무것도 없다고 생각하고 있는 것도 사실이다. 하지만 존재하는 온갖 것에는 그것 나름대로의 실질(實質)은 있다고 생각한다. 비구상의 세계는 단지 구상의 세계인 물질세계보다는 극미(極微)한 실질로 이루어져 있는 세계이다.
 ESP는 정신적·정서적인 활동으로서, 그것을 작용시키는데 필요한 에너지는 구상적 특성을 갖고 있다. 그것은 고속(高速)으로 움직이는 전기적(電氣的)인 힘이 채워진 물질의 분자이기 때문이다.
 따라서 물질체가 아닌 자아를 생리학적 조사에 의해 나타내려는 것은 한마디로 허무맹랑한 이야기라고 할 수도 없으며, 러시아 사람들이 발견한 것은 생각할 수 있는 실마리를 만들어 줄 수 있으리라고 본다.
 이 분야에 대한 공평한 관찰자나 연구가로서, 사후생(死後生)이나 이른바 죽은 사람과의 교신을 지적하는 심령현상이 실재한다는 것을 인정한다면, 이런 견해에 의하여 얻어진 철학적 개념이 주요한 논점이 되리라고 생각한다. 만일 인간에게 영혼이라는 것이 있다면, 동물도 그러할 테고 꽃조차도 이와 같은 놀라운 특질을 갖고 있을지도 모르기 때문이다.
 이러한 생각을 지지하는 증거는, 인간의 육체가 죽은 뒤에도 영혼이 생존한다는 것을 밝혀 주는 증거와 마찬가지로 강력한 것이지만, 동물과 꽃은 사람이 하는 말을 이야기하지 않기 때문에, 사람의 영혼만큼 뚜렷하게 자기 자신의 존재를 주장할 수 없을 뿐이 아닌가 한다.

2. 정해진 죽음의 시각

 이야기를 더 진전시켜 볼까 한다. 신체 기관을 갖춘 것과 안 갖춘 것을 가릴 것 없이, 또한 인간이 만들어낸 것까지 포함해서 자연계의 모든 것은 비구상세계인 '저승'에 어떤 의미에서의 '자기 분신'을 갖고 있는 게 아닐까? 물론 갖고 있다. 즉 인간이 어떤 사물에 대해서 '생각'할 수가 있다면 그것은 존재하는 것이기 때문이다.
 사람이 자기가 알고 있던 세계를 재생(再生)시킬 경우, 그는 죽음이 그를 불러간 새로운 차원에서 그를 둘러싸는 세계의 복제를 창조한다.
 죽은 사람에게서 보내오는 영계 통신의 대부분과 '저승'에 가본 일이 있고 돌아오지 않으면 안 되었던 아주 소수의 사람들은 한결같이 아름다운 시골의 광경, 색채, 한참 무르익은 자연의 풍경을 이야기 하고 있는 것이다.
 '저승'에 있는 모든 것이 '이승'의 것과 똑같았으며, 다만 '저승'의 것이 훨씬 좋고 이를테면 꽃의 경우를 보더라도 한창 핀 꽃과 같이 훨씬 발달해 있는 것 같다.
 병원의 수술대 위에서, 또는 사고로 죽었다가 의사의 기술과 애쓴 보람이 있어서——자기보다는 아마 영계에서는 아직 올것을 기대하지 않았던 때문이리라——'이승'으로 되돌아오게 된 사람들이 가장 흥미있는 증언을 하고 있는 것이다.

현대 의학에서는 이런 증언들을 '충격 또는 신경마취에 의한 환각(幻覺)'이라는 딱지를 붙여서 일소(一笑)에 붙이고 말겠지만, 이런 죽음을 체험한 사람들에 의하여 이야기된, 보고 온 '저승'의 모습은 모두가 한결같이 똑같으며 세밀한 점까지 이치가 맞는 것이다.

이를테면 수술 도중에 심장이 멎어 버린 한 부인은 자기 자신이 공원(公園)과 같이 아름다운 풍경 속을 걷고 있는 것을 보았다.

꾸불꾸불한 길이 막힌 막다른 골목에서, 그녀는 흰 까운을 입은 몇 명의 사람들이 그녀에게 되돌아가라고 손을 흔들면서 큰 소리로,

"아직 올 때가 안 되었으니까 돌아가세요."
하고 소리치는 것을 들었다.

다음에 그녀가 알게 된 것은 자기가 자기의 육체로 돌아와 있다는 것이었다. 외과의가 심장 맛사지를 하고 있었고 그녀는 '이승'으로 돌아온 것이었다.

죽어가다가 죽지 못한 사람들의 체험담 속에는 반드시 '되돌아가라'고 권유받은 이야기가 들어 있는 것이다.

이것과는 대조적으로 자살했을 경우에는 '저승'에 도착하면 반드시 엄격하게 다루어지고 있다. 마치 바람직하지 못한 인물이 적당한 여권도 없이 들어온 것을 취급하는 것과 같이 다루어지는 것이다.

다같이 그들은 정지당하고, 자살이 어리석은 짓임을 깨우쳐 주는 적합강좌(適合講座)와 같은 것을 교육받게 된다. 또한 카르마의 법칙도 자살을 해서는 안 될 것으로 규정짓고

있다.
 자살자는 다음 번 재생에서도 같은 짓을 되풀이 하게 된다.
 땅 위에서 일단 저지른 행위에서 도망칠 수도 없고 속일 수도 없는 것이다. 필자의 소견에 의하면, 이상과 같은 일로 미루어 보아서 우리들 한 사람 한 사람의 '저승'에 도착하는 시간을 정한 매우 엄격한 법칙이 있는 것이 아닌가 생각된다. 필자는 누가 그 시간표를 만드는지는 알 수가 없으나 저승행 열차를 타는 시간을 변경시킬 수 없다는 사실은 알고 있다.
 어떤 의미에서 이것은 즐거운 일이다.
 죽음에 대한 공포를 없애 주기 때문이다. 분명한 것은 정해진 시간의 일초 전에도, 뒤에도 죽을 수는 없다는 것이다. 이러한 생각을 변경시키려고 하는 것은 온갖 생명체를 지배하는 법칙에 대항하는 것과 같은 것이라고 생각한다. 이것도, 사람이 사후생(死後生)의 과학적인 증거를 받아들일 때에 인정하는 중요한 철학적 암시의 하나이다.
 인간은 모름지기 구상세계 저 너머에 걸쳐서 펼쳐져 있는 전생명대(前生命帶)에까지 생각을 넓히지 않으면 안 된다. 인간이 육체와 함께 살고 있는 동안에 이룰 수 없는 일이란 뻔한 것이다. 그러나 사람이 죽음과 동시에 생기는 비교적 짧은 이별 뒤에, 또 다시 친지들과 다시 만나게 되는 기쁨은, 피할 수 없는 숙명이라는 견해에 대한 보상 정도가 아님을 알아야 한다.
 인간이 실제로 행하는 온갖 일에 대해서 동기를 준다— 이것도 죽음이 정해진 시간에 찾아온다는 사실에 의한 또 다른 철학적 암시에서 비롯되는 것이다. 연구나 직업 생활에서 기쁨에 이르는 정서 생활에 이르기까지 또 하나의 세계의 문제가 끼어들게 된다. 죽음이 최종역이 아니라면 죽기 전에 해온 일은 그만큼 가치있는 존재라는 계산이 성립된다. 인간이 지닌 도덕성, 여러 가지 생각이 갑자기 중대한 관심의 대상이 되는 것이다.

이들 위대한 진리가 자기 자신에게도 적용이 된다면, 스스로 다시 한번 조사하기 위하여 심령세계를 탐구해 보아야겠다고 생각하게 되는 사람도 있으리라고 생각된다.

심령문제를 연구하는 동안, 그때까지 유물사상(唯物思想)에만 꽉차 있던 머리가, '이승' 저 너머에 있는 인간의 내부에 '무엇인가' 있다는 것을 인정하는 일종의 막연한 종교성의 의식에 의하여 상당히 부드럽게 되어, 마침내는 인간의 영혼이 지배 요인이 되어 있는 이원론자(二元論者)로 전향하게 되리라고 생각된다.

이런 문제는 모두 옆에 제쳐 놓고, 그것에 대한 조사는 완전히 거부하며, 죽은 뒤에 기다리고 있는 새로운 현실을 맞아서 놀라는 편이 차라리 좋다고 말할 사람도 있을지 모르겠다.

그렇게 함으로써, 그 사람은 유일한 유물론적 우주의 '낡은 질서'에 정말 온갖 대답이 갖추어 있는 것일까 하는 스스로의 의문을 표명한데 그치고 마는 것이다.

이 책에 쓰여진 종류의 증거에 대한 조사를 거부함으로써, 그들은 자기들이 오히려 발달된 생각들을 하고 있는 줄 알고 있지만, 그들도 결국은 진실이 무엇인가를 배우게 되고야 말 것이다.

그대가 저지른 행위는 그대만이 심판할 수가 있는 것이다. 범(犯)한 일은 당신만이 책임을 지게 된다. 일단 행위가 행해진 이상, 그 무거운 짐은 다른 그 누구도 대신 짊어져 줄 수가 없다는 이야기이다.

분명히 사람이 죽은 뒤에도 생명은 영혼의 형태로서 계속 존재한다는 증거에 대해서는 부가적(附加的)인 연구가 행해지지 않으면 안된다고 생각한다. 많은 분야의 학자들을 이 조사에 끌어들여 오지 않으면 안된다.

비록 이미 증거가 실존한다고 해도 새로운 조사가 있어야 되는 것이 마땅한 일이기 때문이다. 이것이 바로 과학적인 방법인 것이며, 사후생존(死後生存)의 실례가 이미 증명되어졌다고 하더라도, 별도로 이 이상 같은 노력을 되풀이 할 필요가 없다고 주장하는 일부 심령연구가의 견해를 필자는 찬성하지 않는 터이다.

인간의 본질을 철저하게 밝히는 일에 비하면, 그다지 중요하지 않은 분야라 할지라도 많은 지식을 계속 구한다는 것은 항상 필요한 일인 것이다.

그러나, 인간은 자기 자신 안에 불멸의 부분을 간직하고 있으며, 육체가 죽은 뒤에도 실제로 가장 생기가 넘치는 삶이 그를 기다리고 있다는 사실을 반복적으로 증명하는 자료를 수집하는 일은 인간에게 있어 다른 과학 분야에 비해 얼마나 중요한 일인가 하는것이 필자의 생각인 것이다.

편저자 약력

서울에서 출생하여 서울대 문리대 국문과를 졸업. 1951년 경향신문 신춘문예에 「뽀火」가 당선되어 문단에 데뷔. 그후 일본에 진출하여 「심령치료」「심령진단」「심령문답」등을 저술하여 일본의 심령과학 전문 출판사인 대륙서방에서 간행하여 큰 호응을 얻었으며, 다년간 심령학을 연구함. 그후 「업」「업장소멸」,「영혼과 전생이야기」「인과응보」「초능력과 영능력개발법」「최후의 해탈자」「사후의 세계」「심령의 세계」등 심령과학시리즈 20여종 저술(서음미디어 간행)

판권
소유

증보판 발행 : 2010년 5월 10일
발행처 : 서음출판사(미디어)
등 록 : No 7-0851호
서울시 동대문구 신설동 94-60
Tel (02) 2253-5292
Fax (02) 2253-5295

편저자 | 안 동 민
발행인 | 이 관 희
본문편집 | 은종기획
표지 일러스트
Juya printing & Design
홈페이지 www.seoeumbook.com
E. mail seoeum@hanmail.net

*이 책은 저작권법에 의해 보호를 받는 저작물이므로 무단 전제나 복제를 금합니다.
ⓒ seoeum